海洋动物爆笑漫画

海洋里的大明星

[日] 松尾虎鲸 文/图 肖潇 译

松尾虎鲸
栖息地：大阪湾
体长：5.2米
体重：4.7吨
惯用鳍：右侧
平时我在
小方桌上
用电脑画画。
大家好！
初次见面，
请多多指教。
我是漫画家
松尾虎鲸。
松尾虎鲸是我的
笔名，由我的姓
“松尾”和虎鲸
组合而成。
松尾
+
虎鲸
没错，我因为
太喜欢虎鲸了，
自己也变成了
虎鲸。
虎鲸T恤
虎鲸毛绒玩偶
（有好多个）
虎鲸
手机壳
（自己做的）
大家应该都听
说过虎鲸吧？
你了解虎鲸吗？

这本书的读者当中，
一定有人
非常喜欢虎鲸，
也有人不太了解虎鲸。
希望你读过这本书之后，
能了解并喜欢上虎鲸。
接下来的解说，
交给虎鲸妹妹
小鲸——
和虎鲸哥哥
小虎。
好的，请大家多指教！
大家好，我是小虎，我会努力的。
当然，除了虎鲸，本书也会介绍一些其他生物的惊人习性！
好，交给你们了！
快来和我们一起开始美妙的海洋动物之旅吧！
我负责努力画漫画。

海洋动物爆笑漫画

海洋里的大明星

目 录

海洋动物爆笑漫画

海洋里的大明星

第1章 海豚和虎鲸都属于鲸类大家族？

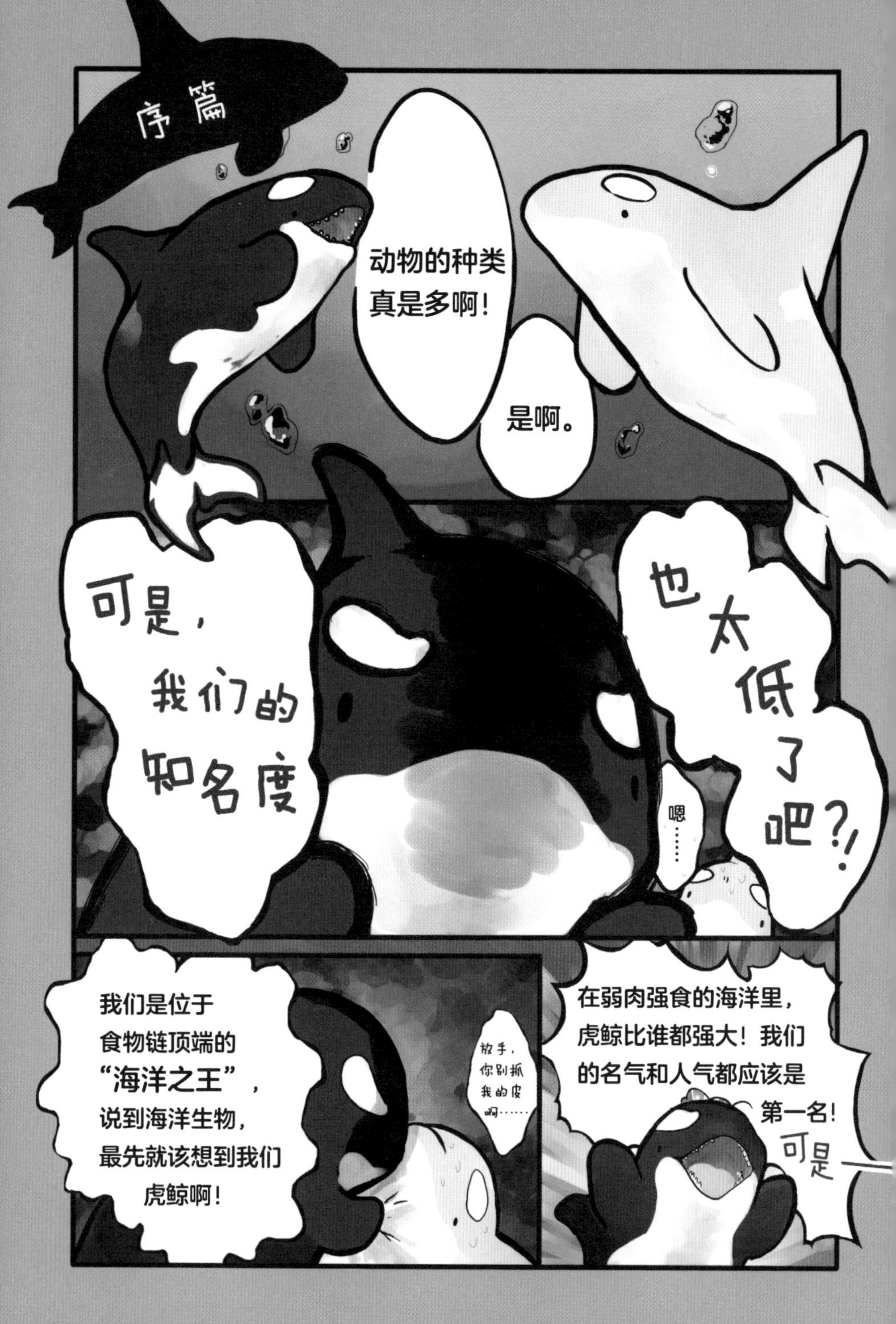
序篇
动物的种类真是多啊！
是啊。
可是，我们的知名度
也太低了吧？！
嗯……
我们是位于食物链顶端的“海洋之王”，说到海洋生物，最先就该想到我们虎鲸啊！
放手，你别抓我的皮啊……
在弱肉强食的海洋里，虎鲸比谁都强大！我们的名气和人气都应该是第一名！
可是——

心碎一地
哇，是海豚！
扎心了！
好可爱！
这是虎鲸还是海豚呢？
啥？海豚和虎鲸……
这是鲨鱼吧？
?!!?!
?!
像这种离谱的错误说法，我这辈子还要再听多少次啊?!
生气
冒火
气死我了！
好啦好啦，你先消消气。
瀑布汗……
的确，人们太不了解虎鲸了。
对！
没错！

更气人的是——
鲸和海豚那么多，
却没有虎鲸！
根本看不到虎鲸！
了解我们的人太少，在各种动物造型的玩具里，
唉！
我们虎鲸这么可爱！
身上的斑纹也很别致，
为什么就没有虎鲸玩具呢？
我看不是可爱不可爱的问题，海洋馆几乎都有海豚，却很少能看见虎鲸！
神秘生物
可是，也没有哪个海洋馆里有大白鲨啊！
呃……说得也是。
还真没有。

敬请期待作者松尾虎鲸的下一部作品！
这本书才刚刚开始！

了不起的虎鲸
虎鲸可以吃掉大白鲨！
啊
呜啊呜！
啊！
是的……
鲨
大口！
提到鲨鱼，大家马上会想到这样的画面。
没错！
回答正确！
不过不同虎鲸的口味不同！
我们的主要食物是鱼类——
有的只吃鱼和乌贼，有的会吃大型哺乳动物。
哇！晚饭来啦！
救命啊！
吃饭啦！
就是说，也有虎鲸会对鲨鱼“情有独钟”吗？
说不定鲨鱼很鲜美哟！

虎鲸和鲨鱼最大的不同
在于骨骼！
虎鲸属于哺乳动物，
大白鲨属于软骨鱼类！
而且它们的体形大小也相差很多。
虎鲸
6~9米
大白鲨
4~6米
咦？原来
大白鲨比
我小啊！
老师，请
问骨骼不
同有什么
影响呢？
问得
好！
咚！
骨骼强壮！
哺乳动物
有肋骨，
可以保护
内脏！
而鱼类的
内脏没有
保护……
骨骼不太……
虎鲸的撞击会使它们
内脏严重受损，陷入
昏迷，甚至死亡！
天啊……

粗略画了骨骼的样貌，并不严谨。

你可能会想，撞一下不至于吧，
但虎鲸可是哺乳动物中的游泳高手！
想想看，重达3~5吨的虎鲸以每小时45千米的速度撞上去，杀伤力该有多强！
嘭
当！
啊？重达3吨，时速45千米？这相当于一辆行驶中的卡车嘛！
所以撞击力量非常大！
而且，虎鲸很聪明！智商特别高！
我们能团结合作，将体形更大的鲸困到窒息！
我们还会用鱼把鸟引诱过来，
来呀，给你鱼吃！
哇！给我的吗？
越来越近
然后一口咬住！
啪

救命
咚！
虎鲸的力气
也很大！
曾在海豹
投掷大赛中
创下20米的
纪录！
真是文武双全！
无比帅气！
这样说来，
我们虎鲸远
胜海豚和鲨
鱼啊。
嘿嘿，
是吧！
好挤啊！
我懂了，鲨鱼属于
鱼类，所以跟虎鲸
有着本质上的不同。
那海豚呢？
赞！
我给你点了赞！
这个问题问
得很好！
那咱们再详
细介绍一下
海豚吧！

虎鲸

每个虎鲸族群都有自己的方言，可以在族群内部通过“语言”进行沟通。

虎鲸是一种既美丽又可爱的生物。我们能与虎鲸生活在同一个地球上，真是一件幸事。

宽吻海豚

宽吻海豚的鼻子能发出非常尖锐的声音，不过也有少数宽吻海豚的声音比较低沉。喷水时，宽吻海豚会发出“噗”的声音，而虎鲸会发出豪迈的“嘣”的声音，仔细听非常有意思。宽吻海豚的身体不是纯灰色的，而是有一些白色条纹。宽吻海豚是海洋馆里最常见到的鲸类，下次去海洋馆，请一定仔细观察一下哟！

海豚也属于鲸类？
虎鲸是海里的“杀手”，英文叫作“Killer whale”，直译过来就是——
什么？杀手鲸？
恭喜你答对了！
没错，虎鲸属于鲸类！海豚也属于鲸类。
虎鲸
抹香鲸
我尽可能把它画得更暴力一些。
海豚和虎鲸的体形是有些相似，但它们长得并不像鲸类啊。
我就知道你会这样说，但是鲸类的长相也是多种多样的。
一针见血！
好大！
它确实既像海豚，也有点儿像鲸……
贝氏喙鲸
齿鲸亚目喙鲸科
体长12~13米
这个又好小！体形介于海豚和鲸之间。
有人认为大的都是鲸，小的都是海豚，但是也有人认为它们都属于鲸。
真复杂！也就是说，不能根据外形是否相似来分类啊。
北露脊海豚
齿鲸亚目海豚科
体长2~2.2米

齿鲸
须鲸
抹香鲸
体长12~18米
是体形最大的齿鲸
虎鲸
就是我们啦！
海氏矮海豚
体长1.8米
日语把它叫作小虎鲸海豚，
其实与虎鲸截然不同。
太平洋短吻海豚
体长2.3~2.5米
在海洋馆里经常可以
见到这两种海豚。
宽吻海豚
体长2~3.9米
蓝鲸
体长20~34米
座头鲸
体长11~14米
最大的个体可达19米
北太平洋露脊鲸
体长13~18米
须最长可达2米以上
小鳁鲸
体长6.9~10.7米
属于体形较小的须鲸
鲸类分为齿鲸和须鲸，
共有80多种，
这只是其中的几种。
惊呆了！
那我们虎鲸为什么
属于齿鲸呢？
啊
答案很简单——
齿鲸有牙齿！
须鲸嘴里
只有角质须！
跟名字是一样的啊。
还有一个问题！
角质须

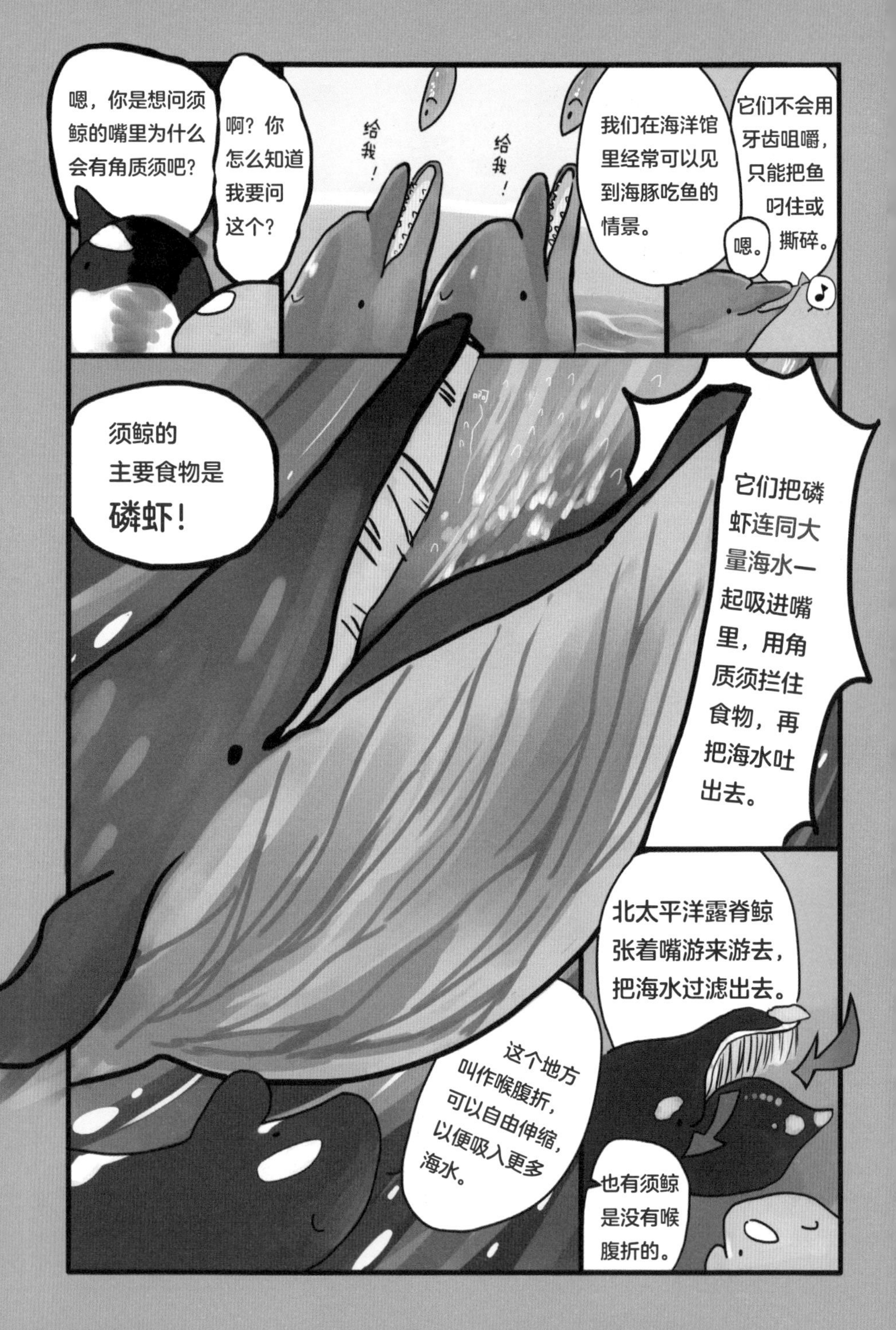
嗯，你是想问须鲸的嘴里为什么会有角质须吧？
啊？你怎么知道我要问这个？
给我！
给我！
我们在海洋馆里经常可以见到海豚吃鱼的情景。
它们不会用牙齿咀嚼，只能把鱼叼住或撕碎。
嗯。
须鲸的主要食物是**磷虾！**
啊
它们把磷虾连同大量海水一起吸进嘴里，用角质须拦住食物，再把海水吐出去。
北太平洋露脊鲸张着嘴游来游去，把海水过滤出去。
这个地方叫作喉腹折，可以自由伸缩，以便吸入更多海水。
也有须鲸是没有喉腹折的。

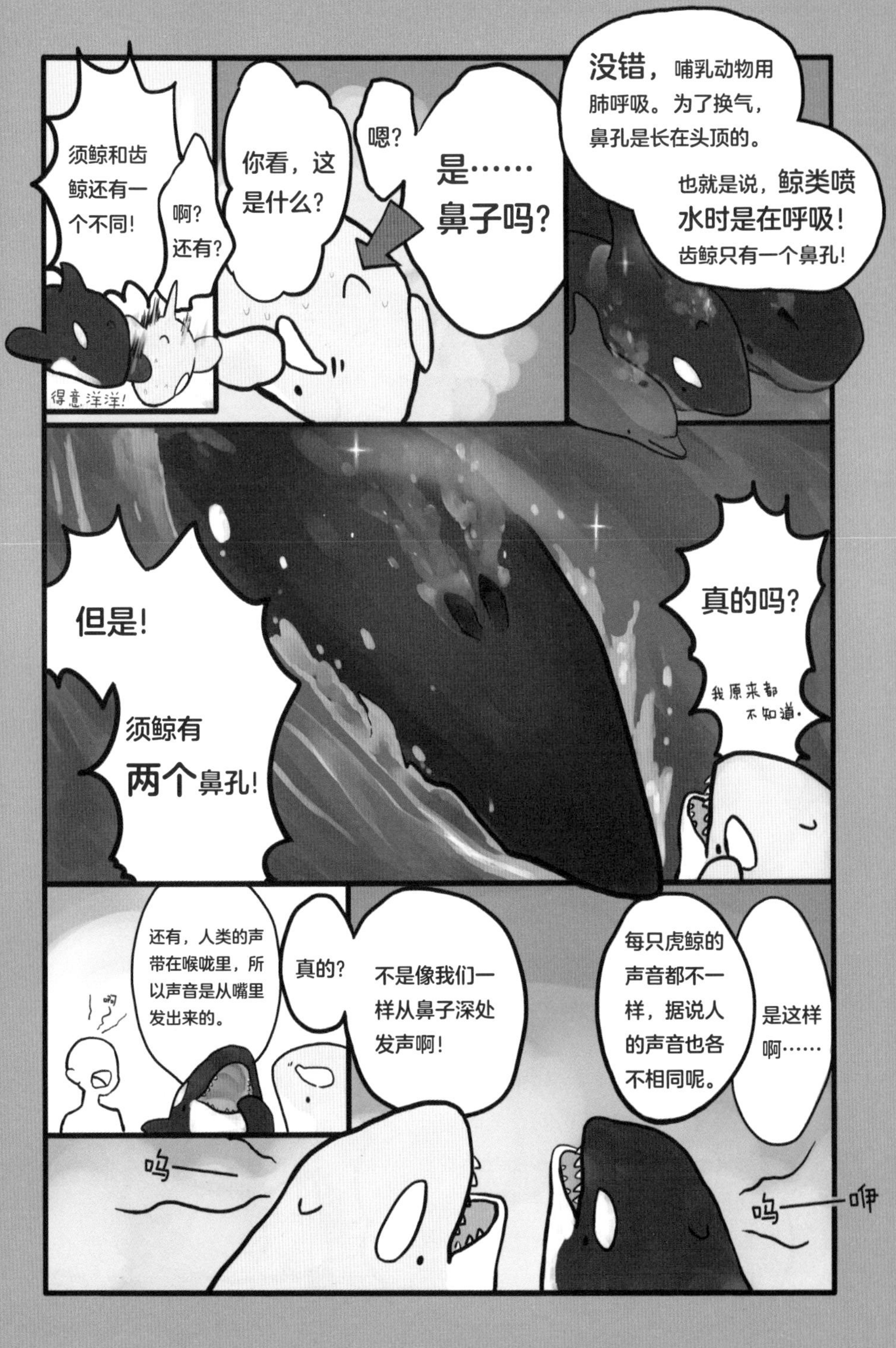
须鲸和齿鲸还有一个不同！
啊？还有？
得意洋洋！
你看，这是什么？
嗯？
是……鼻子吗？
没错，哺乳动物用肺呼吸。为了换气，鼻孔是长在头顶的。
也就是说，鲸类喷水时是在呼吸！齿鲸只有一个鼻孔！
但是！
须鲸有两个鼻孔！
真的吗？
我原来都不知道。
还有，人类的声带在喉咙里，所以声音是从嘴里发出来的。
啊
真的？
不是像我们一样从鼻子深处发声啊！
每只虎鲸的声音都不一样，据说人的声音也各不相同呢。
是这样啊……
呜——
呜——咿

太平洋短吻海豚

太平洋短吻海豚经常被和宽吻海豚相提并论。它体形娇小，斑纹清晰可见，所以很好认。宽吻海豚的嘴比较长，而太平洋短吻海豚的嘴短短的。在表演时，它的个头儿小，动作灵活，可以一边旋转身体，一边跃出水面，还可以直立着游泳呢。有些海洋馆的太平洋短吻海豚游得特别快，人眼都追不上它。

沙漏斑纹海豚

我过去对这种海豚了解不多，它身上的斑纹十分漂亮。花斑喙头海豚的身上也有黑白分明的斑纹，不过沙漏斑纹海豚身上是黑白相间的图案。

巨型鲸的惊人习性
世界上的生物真是千奇百怪。
是啊。
今天，我们来介绍乌贼里的巨无霸大王鱿
的天敌——
抹香鲸!
不是介绍大王鱿啊!
大王鱿生活在深海里，而抹香鲸以大王鱿为食，说明它也能轻松潜到2000米的深海!最深甚至能潜至水下3000米!
还能憋气近1个小时。
抹香鲸
抹香鲸科抹香鲸属
体长12~18米
2000米
3000米
4000米
比倒过来的富士山稍浅一点点。
好厉害!

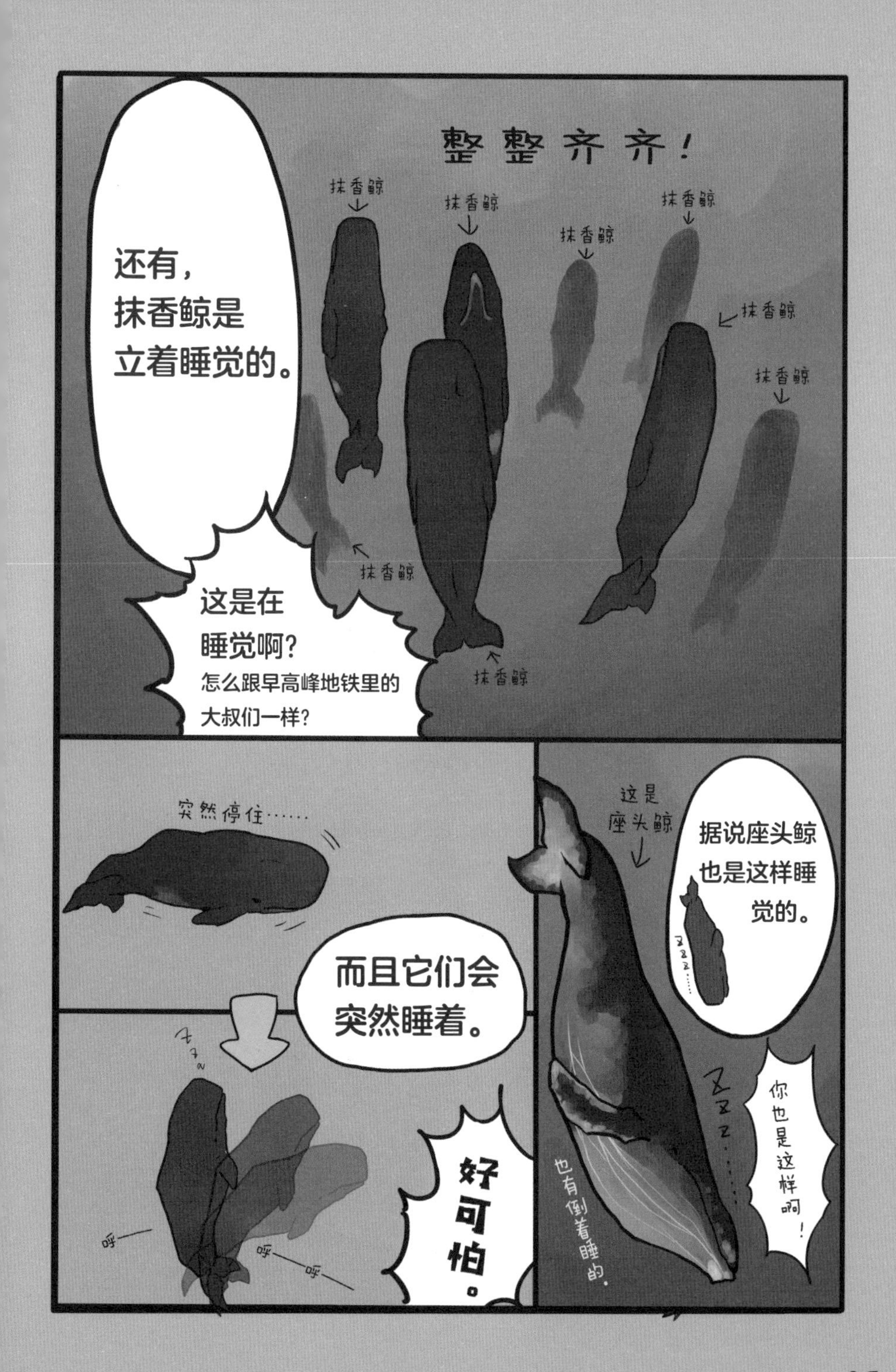
还有，
抹香鲸是
立着睡觉的。
整整齐齐！
抹香鲸
抹香鲸
抹香鲸
抹香鲸
抹香鲸
抹香鲸
抹香鲸
抹香鲸
这是在
睡觉啊？
怎么跟早高峰地铁里的
大叔们一样？
突然停住……
而且它们会
突然睡着。
呼——
呼——
呼——
好可怕。
这是
座头鲸
据说座头鲸
也是这样睡
觉的。
也有倒着睡的。
你也是这样啊！

※虎鲸是左眼和右脑一起休息，右眼和左脑一起休息。

我们再接着说鲸！
地球现在大约46亿岁。
在这漫长的岁月里，出现了一种体形最大的动物——比恐龙化石还要大，
给你！
比海洋馆里的鲸鲨
还要大！
它就是蓝鲸！
砰！
哗！
体长最长约为
34米！
25米长的游泳池都装不下！
蓝鲸
须鲸科须鲸属
体长20~34米
大约有10层楼那么高！
而这只是一只动物！
一会横过来，一会竖过来，真够我忙的。
但是，抹香鲸和蓝鲸都害怕虎鲸！
又要说到吃了吗？
算了，不说了。
多谢了！

座头鲸

座头鲸会用“气泡战术”，记住这个词，会让你显得很博学哟。每当在电视上看到座头鲸一起张着嘴浮出海面的震撼场面，我就会在客厅里大叫：“快看！这是气泡战术！”这种时候会感觉特别自豪！也有海洋馆开设专门的展示区供大家体验。我个人觉得座头鲸长得最像人们印象中的鲸鱼。

灰鲸

我之前不太了解须鲸，所以得知它们以泥沙里的生物为食时特别震惊。听说它们还会侧卧着进食，真不愧是豪爽的鲸类！我最近才知道，不同种类的须鲸，角质须是不一样的。动物们的生态习性果然是越学越有趣。

灰鲸身上的斑纹是藤壶形成的。我看过放大的照片，感觉特别可怕，要是能把这些东西都刮掉的话，灰鲸一定会特别舒服。

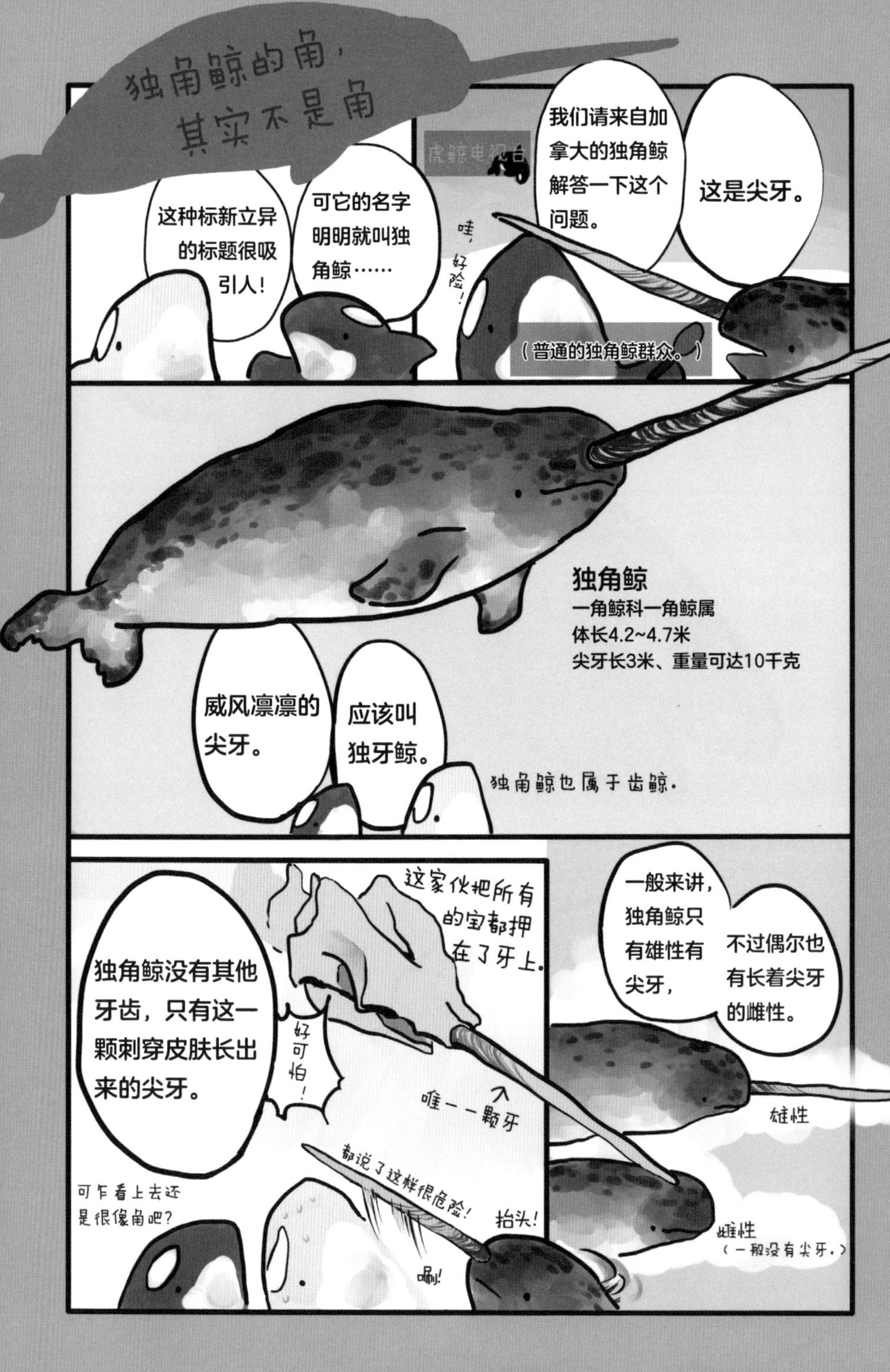
独角鲸的角，
其实不是角
这种标新立异的标题很吸引人！
可它的名字明明就叫独角鲸……
虎鲸电视台
哇，好险！
我们请来自加拿大的独角鲸解答一下这个问题。
这是尖牙。
（普通的独角鲸群众。）
独角鲸
一角鲸科一角鲸属
体长4.2~4.7米
尖牙长3米、重量可达10千克
威风凛凛的尖牙。
应该叫独牙鲸。
独角鲸也属于齿鲸。
独角鲸没有其他牙齿，只有这一颗刺穿皮肤长出来的尖牙。
这家伙把所有的宝都押在了牙上。
好可怕！
唯一一颗牙
一般来讲，独角鲸只有雄性有尖牙，
不过偶尔也有长着尖牙的雌性。
雄性
可乍看上去还是很像角吧？
都说了这样很危险！
抬头！
嗝！
雌性
（一般没有尖牙。）

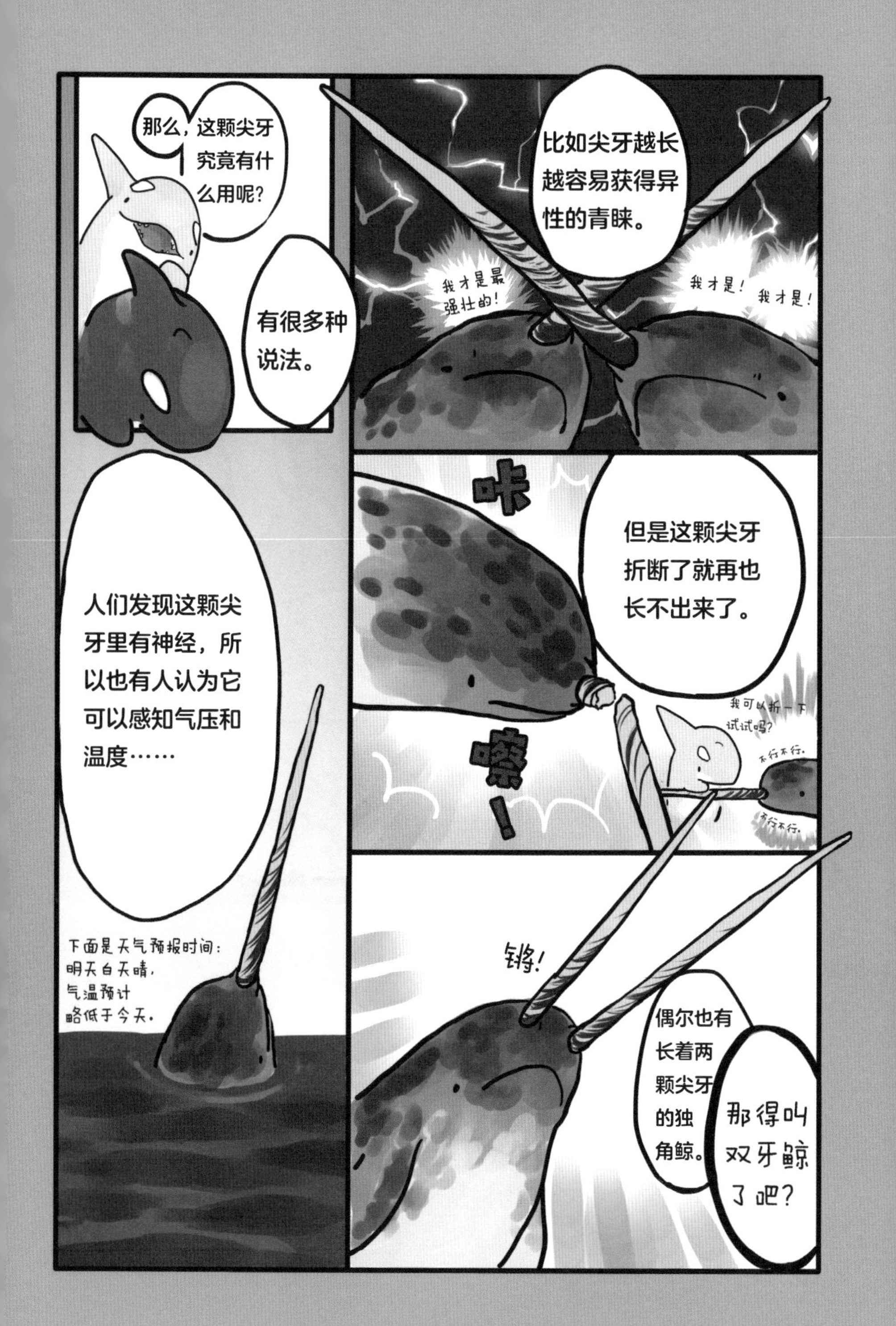

那么，这颗尖牙究竟有什么用呢？
有很多种说法。
比如尖牙越长越容易获得异性的青睐。
我才是最强壮的！
我才是！
我才是！
人们发现这颗尖牙里有神经，所以也有人认为它可以感知气压和温度……
下面是天气预报时间：
明天白天晴，
气温预计
略低于今天。
咔
嚓！
但是这颗尖牙折断了就再也长不出来了。
我可以折一下试试吗？
不行不行。
不行不行。
锵！
偶尔也有长着两颗尖牙的独角鲸。
那得叫双牙鲸了吧？

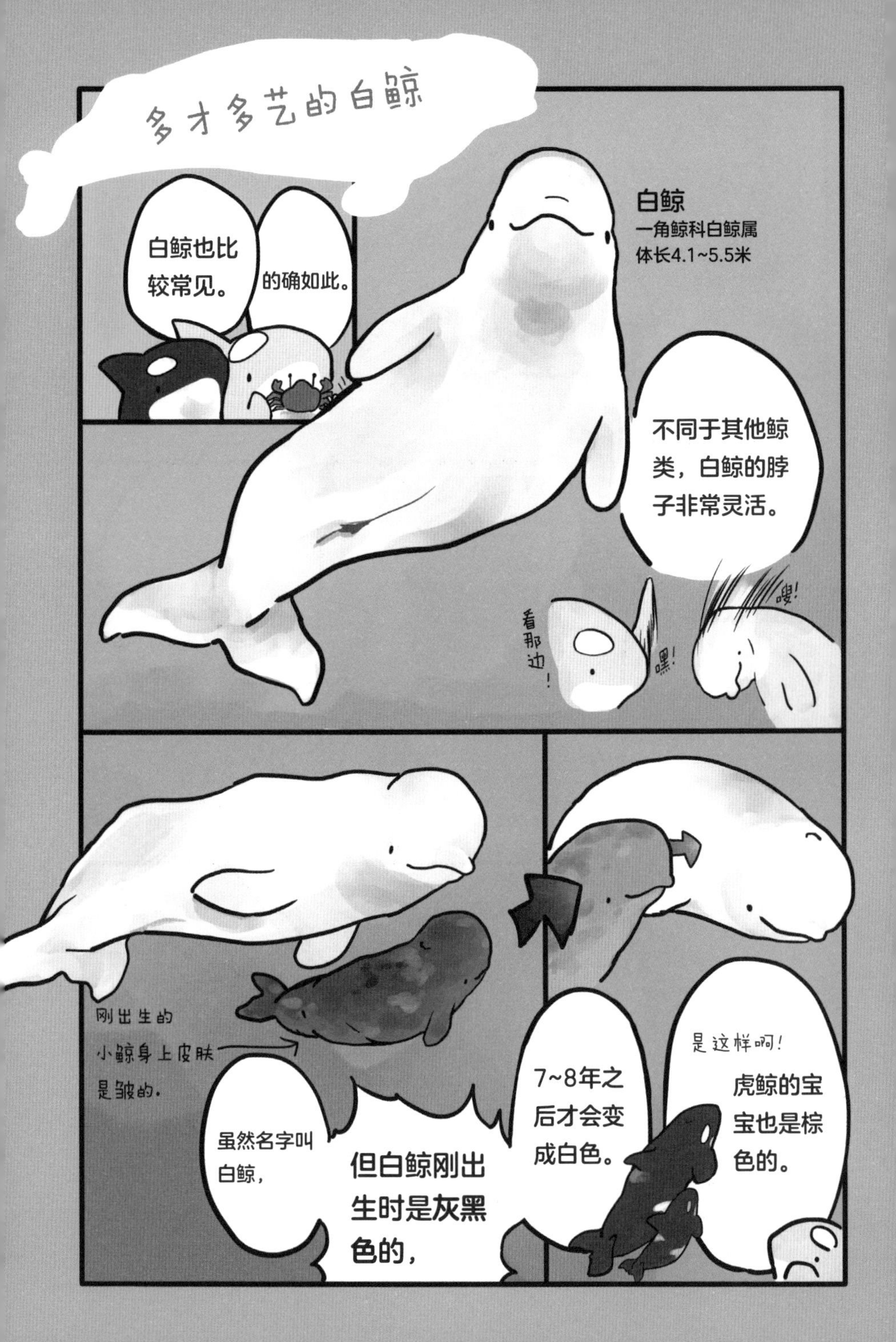
多才多艺的白鲸
白鲸也比较常见。
的确如此。
白鲸
一角鲸科白鲸属
体长4.1~5.5米
不同于其他鲸类，白鲸的脖子非常灵活。
嗖！
看那边！
嘿！
刚出生的小鲸身上皮肤是皱的。
虽然名字叫白鲸，
但白鲸刚出生时是灰黑色的，
7~8年之后才会变成白色。
是这样啊！
虎鲸的宝宝也是棕色的。

白鲸的
拿手绝活是
“天使光环”！
有的海洋馆有这项表演。
它们能用鼻子喷出一个漂亮的气泡环。
气泡环位于白鲸头部正上方，也被称为“天使光环”。
接住！
听说它们还能用嘴接住鼻子喷出的气泡，把它做成气泡环再喷出来。
这是怎么做到的？
这个嘛……
呼——
嗖——
它们还可以一边侧着身子游，一边喷气泡环。
我们虎鲸游动时会把水草挂在身上玩，没想到还有动物是喷泡泡玩的。
台词中

南露脊海豚

我以前只知道北露脊海豚，看了书才知道还有南露脊海豚。它的脸和体形很有意思，从头部到背部呈独特的弧形。一般来说，海豚的嘴和鼻子都是向前突出的，而南露脊海豚的头部曲线却非常完美，就像精心设计过的一样。它的模样也和鲸类不太一样，还长着波浪形的斑纹，就像自己的专用标志，个性十足。

加湾鼠海豚

我忘了最初是在哪里见到加湾鼠海豚的，只记得当时觉得它有点儿像幽灵。我现在也还是这么觉得，主要是它眼睛周围的黑眼圈像幽灵。我在一本书中看到，加湾鼠海豚是鲸类中灭绝风险最大的动物。它们只生活在加利福尼亚湾的深处，栖息范围过于狭小，体形也是海豚当中最小的。希望它们能顽强地活下去。

番外篇
虎鲸的身体
日本成年男性平均身高为170.7厘米。
约2米
虎鲸最大的特点是背鳍，
可以长到2米！
人类好娇小啊。
你好！
你好！
碰巧路过的虎鲸。
雄性虎鲸和雌性虎鲸的背鳍形状不同，很容易分辨。
弯弯的
雌性
真的呢！
直直的
雄性
虎鲸身上的斑纹也很独特，而且都是有名字的。
鞍斑
眼斑
虎鲸的头部黑乎乎的，不太好分辨，这个地方可不是眼睛哟！
仔细观察，你会发现每一头虎鲸都有自己的特点。
例
这里很清晰。
这个眼斑很像对话气泡。
这个眼斑的后半部分像晕开了一样。
这里有一个小口子。
这里有条纹。
还有像痣一样的斑纹。

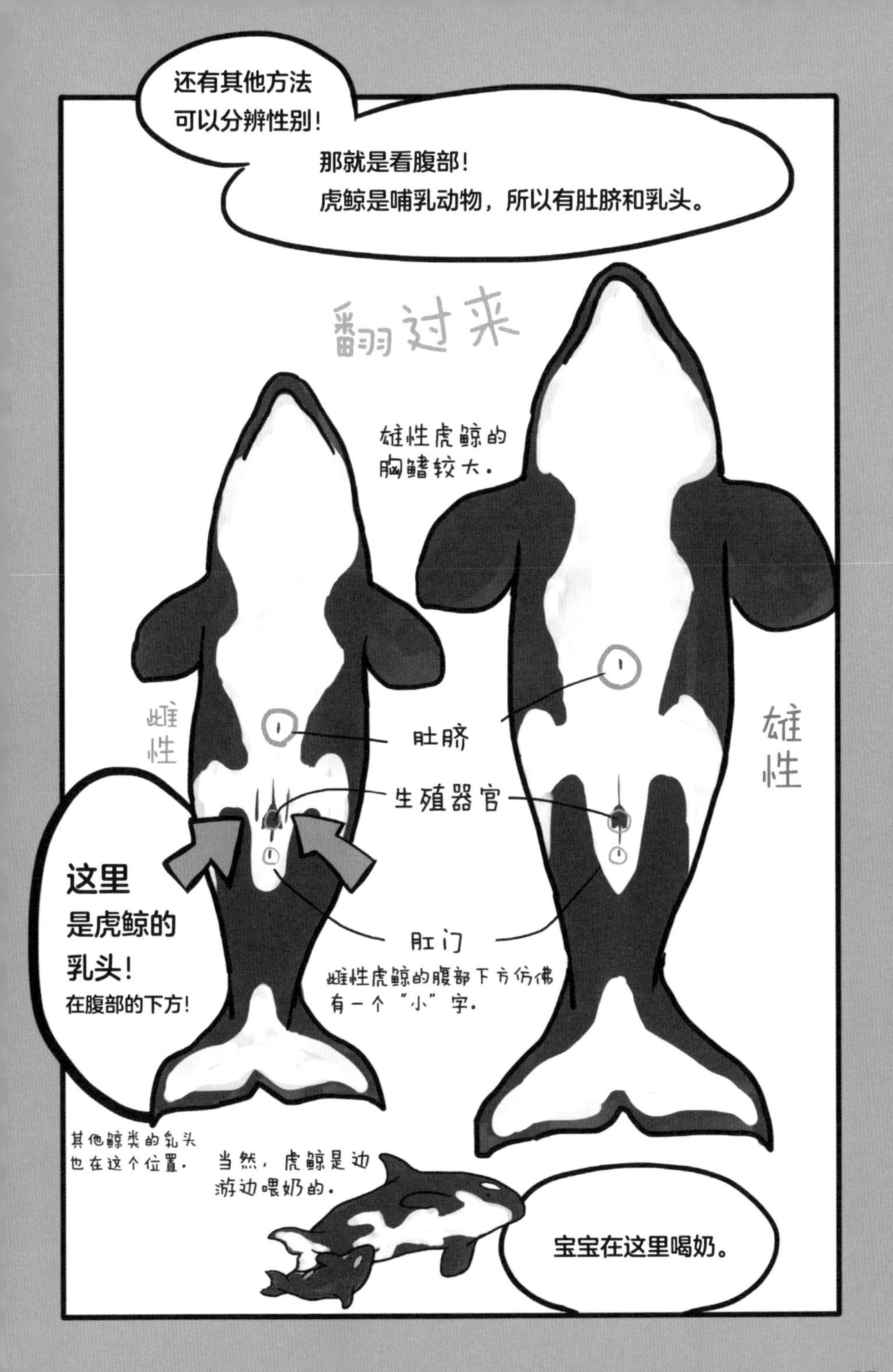
还有其他方法
可以分辨性别！
那就是看腹部！
虎鲸是哺乳动物，所以有肚脐和乳头。
翻过来
雄性虎鲸的
胸鳍较大。
雌性
雄性
肚脐
生殖器官
肛门
雌性虎鲸的腹部下方仿佛
有一个"小"字。
这里
是虎鲸的
乳头！
在腹部的下方！
其他鲸类的乳头
也在这个位置。
当然，虎鲸是边
游边喂奶的。
宝宝在这里喝奶。

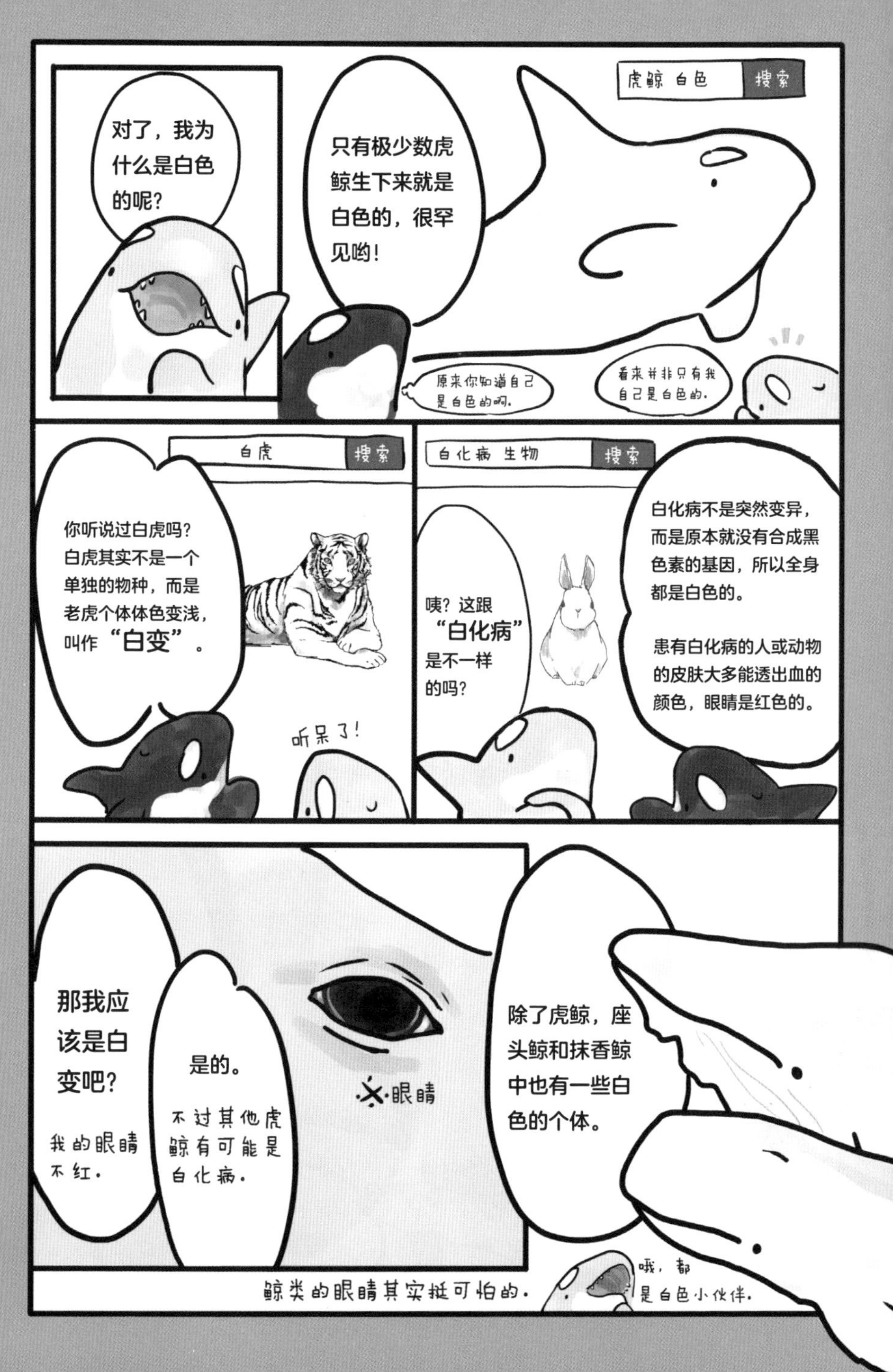
对了，我为什么是白色的呢？
虎鲸 白色 搜索
只有极少数虎鲸生下来就是白色的，很罕见哟！
原来你知道自己是白色的啊。
看来并非只有我自己是白色的。
白虎 搜索
你听说过白虎吗？白虎其实不是一个单独的物种，而是老虎个体体色变浅，叫作“白变”。
听呆了！
白化病 生物 搜索
咦？这跟“白化病”是不一样的吗？
白化病不是突然变异，而是原本就没有合成黑色素的基因，所以全身都是白色的。
患有白化病的人或动物的皮肤大多能透出血的颜色，眼睛是红色的。
那我应该是白变吧？
我的眼睛不红。
是的。
不过其他虎鲸有可能是白化病。
※眼睛
除了虎鲸，座头鲸和抹香鲸中也有一些白色的个体。
鲸类的眼睛其实挺可怕的。
哦，都是白色小伙伴。

还有一种先天性疾病与白化病相反，会合成过量的黑色素。
还有这种啊。
这种病叫作“黑色素沉着症”。
王企鹅
普通企鹅
好黑！
连肚子都是黑的！
阿德利企鹅
阿德利企鹅也会有这种情况。
怎么看都觉得不像企鹅了！
像鸟！
人家本来就是鸟……
※企鹅属于鸟类。
不对，等一下！
普通企鹅
不过一身黑还挺帅气的。
是吗？
有全身都乌黑的虎鲸吗？
我也不知道……
或许……在世界的某个地方……会有吧……
这也太吓人了吧！
来自地狱的怪物

海洋动物爆笑漫画

海洋里的大明星

第2章

各种各样的企鹅

帝企鹅与王企鹅
这两种企鹅都很常见，
不过它们属于不同的种类。
接下来是大家期待已久的相似动物专栏。
究竟哪里不一样啊？
经常能看到它们！
他们分别是王企鹅和帝企鹅！
王企鹅
体长0.95米
帝企鹅
体长1.3米
这里的斑纹是闭合的。
王企鹅的个头儿稍小一些，颜色有些发灰。
这里的斑纹有一个开口。
栖息地不是南极。
栖息地是南极。
这是帝企鹅的雏鸟。
两种雏鸟之间的区别比较明显。
哇，经常见到这种毛绒玩偶。
那王企鹅的雏鸟长什么样呢？

成鸟
烹饪前
热乎乎！
雏鸟
烹饪后
王企鹅的雏鸟就像把成鸟裹上面糊用油炸过了一样。
香喷喷！
你竟然烹饪企鹅！
这是因为，王企鹅的雏鸟在夏季孵化出来，如果不储存大量营养，吃得膘肥体壮，到了冬天就会被冻死。所以，雏鸟的个头儿比成鸟还要大。
夏天
冬天
它们换毛时的样子，就像脱毛衣脱到一半。
这家伙怎么回事？
这是谁啊？
而且还有更好玩的！

嗷嗷嗷嗷嗷嗷嗷嗷嗷嗷嗷
这样可以看起来大一些。
这样可以看起来大一些。
拍
拍
拍
拍
拍
拍
拍
这是王企鹅在打架……
呃……

本企鹅很生气，心中燃起熊熊怒火！
放马过来吧，让我们决一死战！
咯咯咯
咯咯咯
拍
拍
拍
拍
拍
拍
应该是……在打架。
呃……

洪堡企鹅

我有一次在动物园见到放养的企鹅，吓了一大跳。那家动物园很喜欢放养动物，袋鼠就在游客身边咔哧咔哧地挠肚皮，特别神奇。

我在企鹅区和企鹅拍了合影，它们就在我的身边走来走去。

加岛环企鹅

加岛环企鹅也叫加拉帕戈斯企鹅，它们的脸是黑色的，身上的线条比前面三种企鹅更容易分辨，黑黑的脚也是它的特征。不过听说目前日本还没有加岛环企鹅，我没去过加拉帕戈斯群岛，所以还没见过它，真正见过加岛环企鹅的人应该很少。

南极的企鹅
提到银白色的冰雪世界，大家一定会想到企鹅和北极熊！
就像下面这张图一样。
难道企鹅不会被北极熊吃掉吗？
嗷呜！
很多人都会这么想吧？
虎鲸才不需要戴耳罩呢。
什么？企鹅是谁？
顾名思义，北极熊生活在北极，
但北极没有企鹅！
太好啦，松了一口气
企鹅在遥远的南极。
所以它们根本不会相遇，企鹅也不会被吃掉。
你听说过企鹅吗？
没有……
你听说过北极熊吗？
没听说过……
南极和北极不都是寒冷地区吗？
咚——
冰
富士山
高约3776米
你太天真了！
北极的冰只有几米厚，而南极冰层的平均厚度有2000米！
有的地方甚至超过4000米。
南极大陆
是这样啊？

北极是海洋，冰层厚度有限，而南极是大陆，冰则会冻得非常厚。

北极冬季平均气温约为−30℃，而南极则低至−50℃！北极熊到了南极，一定会冻得瑟瑟发抖。

王企鹅也不住在南极。

现有的18种企鹅当中，确认在南极生存的有2种！

它们是帝企鹅和阿德利企鹅。

阿德利企鹅

那南极动物这么少，企鹅肯定过得很滋润吧？

好舒服啊！

很多人

都会这么想吧？

我有一种不好的预感。

你们好！我是虎鲸！

咚！

果然！

你不能让它们平静地生活下去吗？

你看企鹅都哭了！

我太难了！

那可不行，企鹅还有其他天敌！

是谁呢？

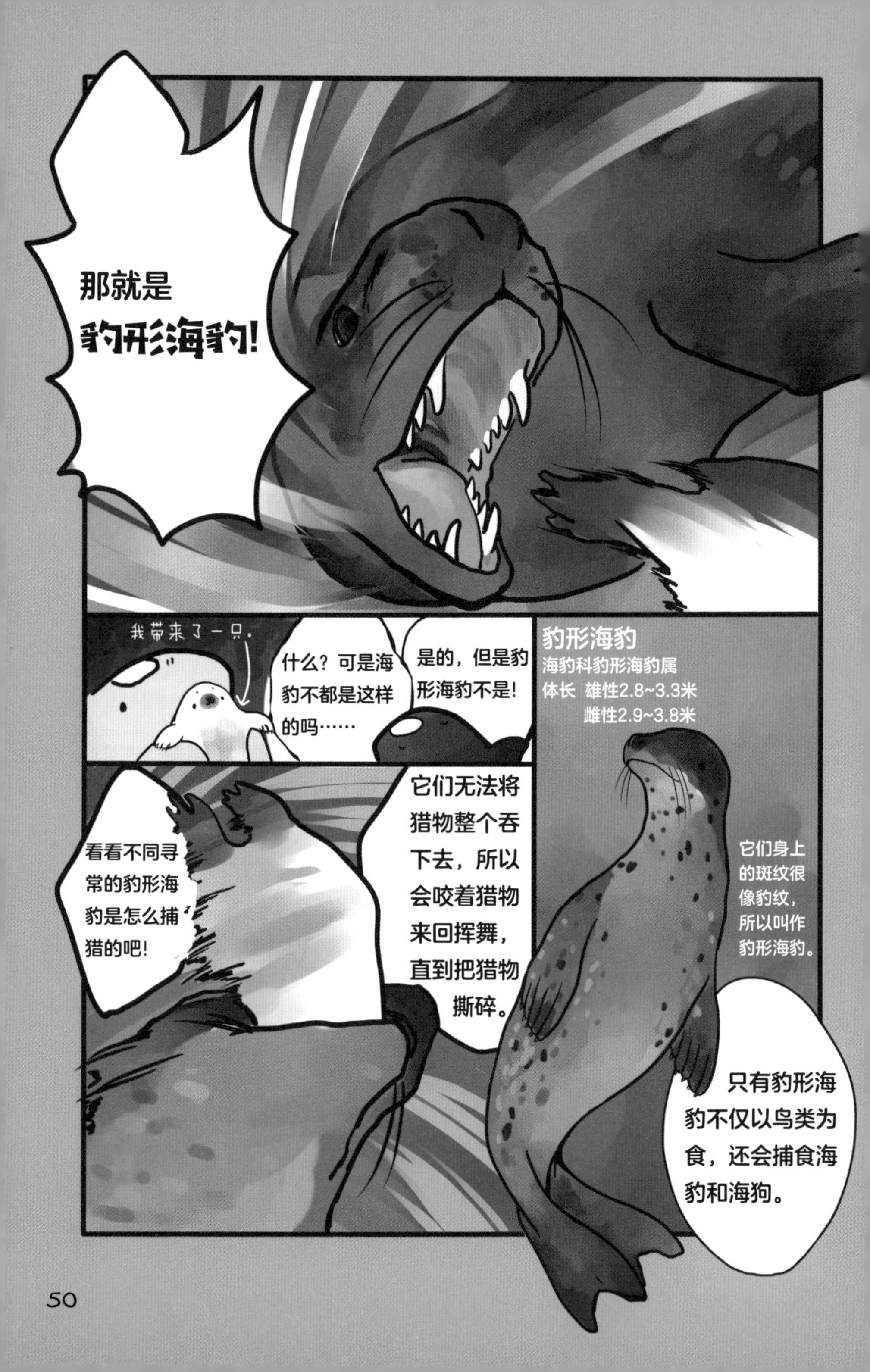
那就是
豹形海豹!
我带来了一只。
什么？可是海豹不都是这样的吗……
是的，但是豹形海豹不是!
豹形海豹
海豹科豹形海豹属
体长 雄性2.8~3.3米
雌性2.9~3.8米
看看不同寻常的豹形海豹是怎么捕猎的吧!
它们无法将猎物整个吞下去，所以会咬着猎物来回挥舞，直到把猎物撕碎。
它们身上的斑纹很像豹纹，所以叫作豹形海豹。
只有豹形海豹不仅以鸟类为食，还会捕食海豹和海狗。

企鹅跳入海水之前，会磨磨蹭蹭耗上几个小时，直到有一只率先跳下去。
大概它们是在确认海里有没有虎鲸和豹形海豹吧。
遇到天敌就会变成盘中餐！不过先跳下去的好处是可以享用最丰盛的食物！
随便吃！
踟蹰不前。
人们根据企鹅的这种习性，用“第一只企鹅”来比喻敢于在高风险、高收益的局面下打头阵的人。
它们在海洋馆里迟迟不愿跳进水里，原来是这个原因啊！
北极没有大陆，所以在地球仪上找不到北极。

斑嘴环企鹅

斑嘴环企鹅不如洪堡企鹅有名，但是在海洋馆和动物园里也比较常见。不太了解企鹅的人在同一个地方看到它们，可能会奇怪，“咦？这不还是刚才那只吗？”我有一个辨别方法：只有洪堡企鹅的眼睛是棕色的，其余都是黑色的。不过我还没有看到别人提到过这个方法，大家参考一下就好。

麦哲伦企鹅

喜欢企鹅的朋友告诉我，麦哲伦企鹅的腹部有两条斑纹。当时我没见过麦哲伦企鹅，完全想象不出来，现在我想我应该可以认出它了。

与洪堡企鹅和斑嘴环企鹅相比，麦哲伦企鹅比较少见。不过据说也有养了100来只麦哲伦企鹅的海洋馆。

企鹅的另一面
企鹅是一种格外擅长游泳的鸟。
它上下挥动鳍肢（相当于翅膀），在水中快速游动，就像在飞一样。
不过游泳健将来到陆地上，走起路来却是摇摇晃晃的，可爱极了。
沙沙——
沙沙——
偶尔还会摔倒。
啪嗒！
企鹅的另一面还不止这些。
有时，它还会用肚子贴着冰面滑行。
帝企鹅向前冲！
唰——

真有一种叫作黄苇鳽的鸟是长成这样的。

所以也有生活在温暖地区的企鹅。

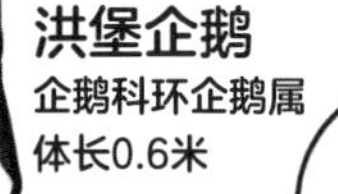

动物园和海洋馆里经常能看到洪堡企鹅。

对，我见到过。

还有企鹅居住在气温超过40℃的赤道附近！

它们会像小狗一样张着嘴散热，还会张开鳍肢（翅膀）来抵御酷暑。

很遗憾，目前日本没有这种企鹅。

※据说20世纪60年代，日本曾有动物园饲养过加岛环企鹅。

只有加岛环企鹅的栖息地**稍微**跨越了赤道线。

对比四种企鹅

洪堡企鹅

加岛环企鹅

斑嘴环企鹅

麦哲伦企鹅

洪堡企鹅、斑嘴环企鹅和麦哲伦企鹅外形十分相似。据我观察，洪堡企鹅的眼睛是棕色的（可能黑色素较少？），所以很好分辨，而且在动物园和海洋馆里也很常见。而斑嘴环企鹅和麦哲伦企鹅则很少见到。

我最喜欢斑嘴环企鹅。不过**企鹅的气味实在是太难闻了！**

企鹅身上有一种海腥味，常去动物园或者海洋馆看企鹅的人肯定都有体会！你有机会也去闻一闻吧。

阿德利企鹅

我有一位高中时代的朋友特别痴迷企鹅，就像我对虎鲸一样着迷。他告诉我“阿德利企鹅的后脑勺像悬崖一样直”，直直的后脑勺加上眼周的白色，让阿德利企鹅看起来很滑稽。有人觉得它的模样有些吓人，可我却觉得它那高深莫测的样子很可爱。前面介绍的患黑色素沉着症的阿德利企鹅看起来很像鸟，它的确也属于鸟类。在人们的印象里，企鹅的标志就是白白的肚子和尖尖的嘴，所以全身乌黑的企鹅就会让人觉得特别像鸟了。

海洋动物爆笑漫画

海洋里的大明星

第3章 形形色色的海洋哺乳动物

精灵古怪的
海獭
模仿
海獭造型。
海獭就是那个很可爱的家伙吗？
是啊。
海獭
鼬科海獭属
体长1~1.3米
河流
海洋
在海里生活的是海獭，
一直生活在河里的是水獭。
水獭和海獭同属于鼬科。
前面提到，很多人不知道虎鲸比鲨鱼厉害。
嗯。
水獭和海獭是近亲。
实际上，它们就是用石头砸贝类吃的。
真的吗？
与捕鱼相比，它们更擅长捕捉贝类、海胆和甲壳类动物。
会不会有人认为海獭并不会用石头砸贝类吃呢？
这个问题问得好！
上下摆动。
咔！
咔！
咔！
咔！

每只海獭都有自己喜欢的石头。
拿出来。
平时就装在腋下的口袋里。
装进去。
在这里。
其实并不是口袋，而是松弛的皮肤形成的褶皱。
野生海獭睡觉时，会用海藻缠住自己，以免被水流冲走。
海洋馆里没有海藻，所以听说它们会手拉着手睡觉。
好可爱！咱们也手拉着手睡……
海獭没有脂肪，只能靠毛皮御寒。
它们有两层毛，内层干燥的毛可以留住空气，保持温暖。
装作没听见。
两层
海獭每天都会花上好几个小时整理皮毛。
梳啊，
梳啊。
梳啊，
理顺。
理顺，
理顺，
梳啊。
梳啊，
挠啊挠，
挠挠，
挠挠。
……感觉好像很臭美？
这种出人意料的一面也还不错吧……

海獭

水獭的个头儿比较小，体长约为0.65米，海獭则大得多，体长约1.3米，站起来的时候显得特别大。

我有一次看到海獭站起来向饲养员索要食物，忍不住惊叹:“它个头儿好大啊！”

我不太擅长画这种毛茸茸的动物，画海獭费了很大力气（总是画成熊或考拉的样子）。

江豚

白鲸头上的额隆（指位于鲸类的头部，能发出超声波的脂肪组织）和嘴都是向前突出的，而江豚的额隆和嘴则比较小。我前不久刚去过一家饲养了江豚的海洋馆，却对它毫无印象。而且我刚刚才知道江豚属于鲸类，真是愧对“鲸鱼迷”的称号，我打算最近再去看一看。

要去海洋馆，先来找不同
它们都很常见，却总是被弄混！
闪亮登场！
海豹和海狮！
看耳朵马上就能分清！
能看到耳朵眼儿的是海豹！
耳朵向下垂的是海狮！
明明一眼就看得出不同，可人们却总是把它们弄混。
可能都是“海洋馆里比较大的动物”吧？
有一份杂志的封面明明是海狮，却写着“可爱的海豹”，气得我差点去投诉他们……
这也说明它们很容易搞混！
其实还有长得更像的动物呢！

※这是真事。

比海狮和海豹长得更像的动物，
那就是：
海狮科海狮亚科的
海狮！
（光看分类就够复杂的）
和……
海狮科海狗亚科的
海狗！
它们同属于海狮科，体形和斑纹也很相似，乍一看上去确实很像……
嗯……
是啊！
它们一起在水里游，真的分不清谁是谁。
但是，
肯定有办法分辨，
对不对？
对，
没错！

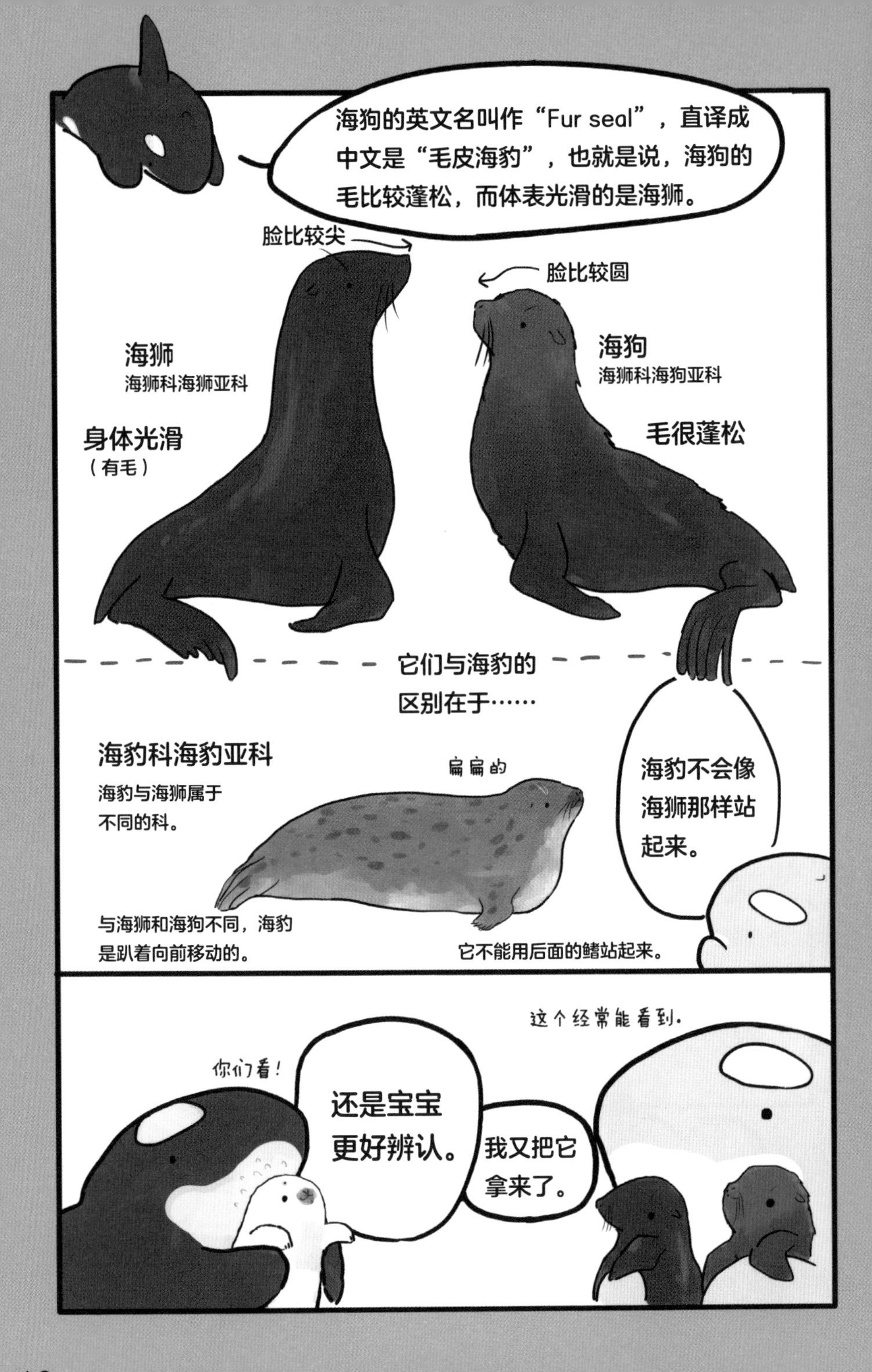
海狗的英文名叫作“Fur seal”，直译成中文是“毛皮海豹”，也就是说，海狗的毛比较蓬松，而体表光滑的是海狮。
脸比较尖
脸比较圆
海狮
海狮科海狮亚科
身体光滑
（有毛）
海狗
海狮科海狗亚科
毛很蓬松
它们与海豹的区别在于……
海豹科海豹亚科
海豹与海狮属于不同的科。
扁扁的
海豹不会像海狮那样站起来。
与海狮和海狗不同，海豹是趴着向前移动的。
它不能用后面的鳍站起来。
这个经常能看到.
你们看!
还是宝宝更好辨认。
我又把它拿来了。

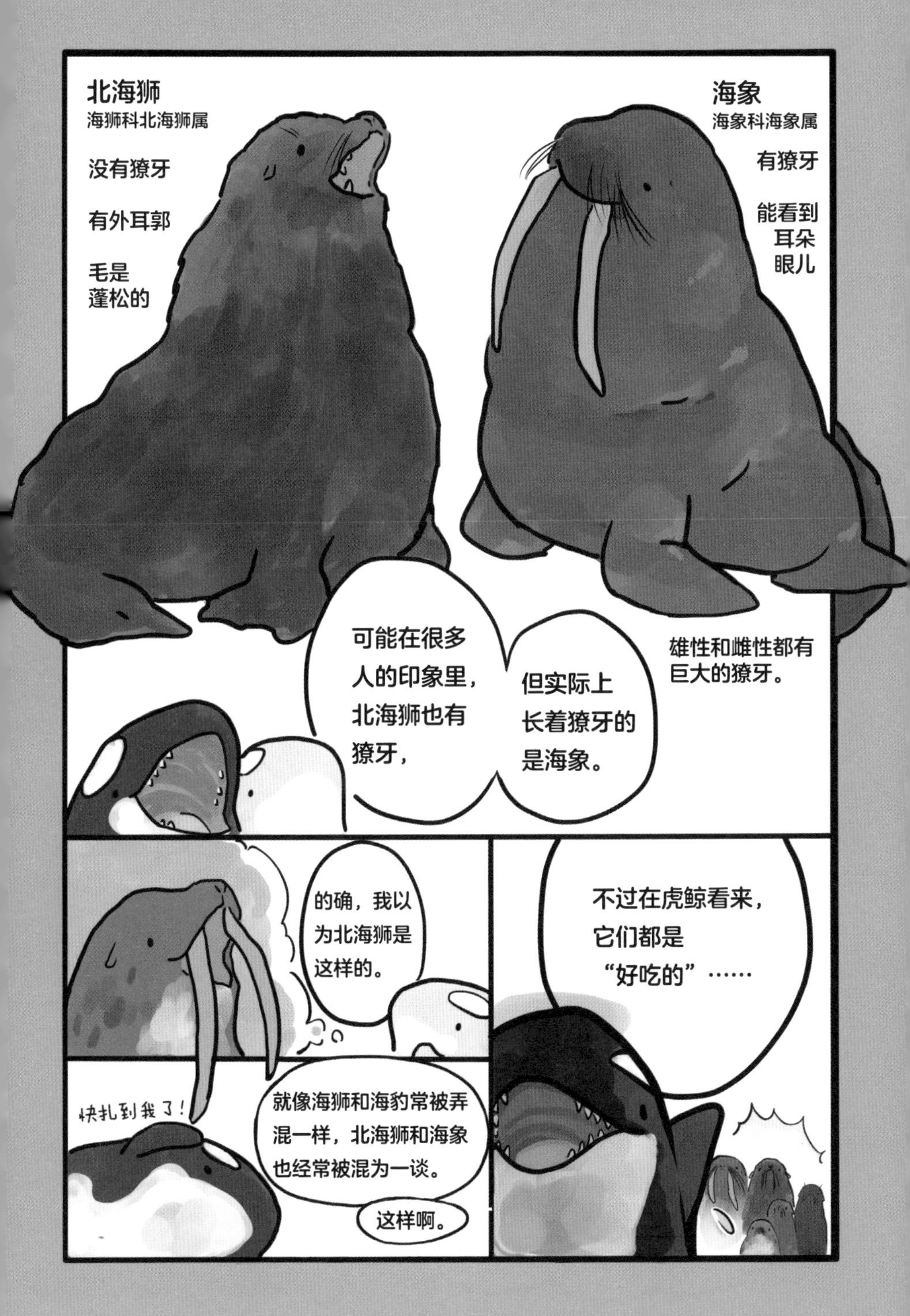
北海狮
海狮科北海狮属
没有獠牙
有外耳郭
毛是
蓬松的
海象
海象科海象属
有獠牙
能看到
耳朵
眼儿
雄性和雌性都有
巨大的獠牙。
可能在很多
人的印象里，
北海狮也有
獠牙，
但实际上
长着獠牙的
是海象。
的确，我以
为北海狮是
这样的。
快扎到我了！
就像海狮和海豹常被弄
混一样，北海狮和海象
也经常被混为一谈。
这样啊。
不过在虎鲸看来，
它们都是
“好吃的”……

南美海狮

南美海狮虽然不如海狗和海狮常见，不过偶尔也能在海洋馆里见到。我第一次看到的是雄性南美海狮，感觉它看着“有点儿吓人”。南美海狮个头儿很大，你看到它可能马上就能认出来。南美海狮的长相也很特别，不过它走起路来和其他海狮一样，都是啪嗒啪嗒地走。

竖琴海豹

提到海豹，很多人马上就会想到这个白白的、毛茸茸的形象。虽然我不太喜欢那些以“可爱”著称的动物，但是竖琴海豹宝宝真的太可爱了！就像是一个行走的毛绒玩偶！尤其是那淡淡的蛾眉特别可爱！它那“噗——噗——”的叫声也超级可爱。成年竖琴海豹也很可爱，我总是觉得它的“手”好小，虽然个头儿那么大。

海牛目动物就是
传说中的美人鱼?
今天我们要聊聊“海牛”。
海牛?
是的，快来看看这两个海牛目动物!
哇！看着很眼熟!
这是谁来着?
我可能听说过，但是实在想不起来了……
时间到，现在公布答案!
这是海牛和儒艮。
对对，就是它们!
老师……
什么事?
我想问问您，哪个是海牛，哪个是儒艮呢?
问得好!

正确答案就是——
小圆脸
圆脸的是海牛！长脸的是儒艮！
大长脸
呃……
还要关注脸型啊……
当然！
生物的面部和身体特征非常重要！
因为这些都是为了适应生活环境进化而来的！
脸型不同说明饮食习惯不同！
海牛以水面上漂浮的水草和岸上的植物为食。
有时候还会用手拿着吃。
看上去笨笨的。
而儒艮以海底的海草为食，所以嘴是朝下长的，脸更长一些。

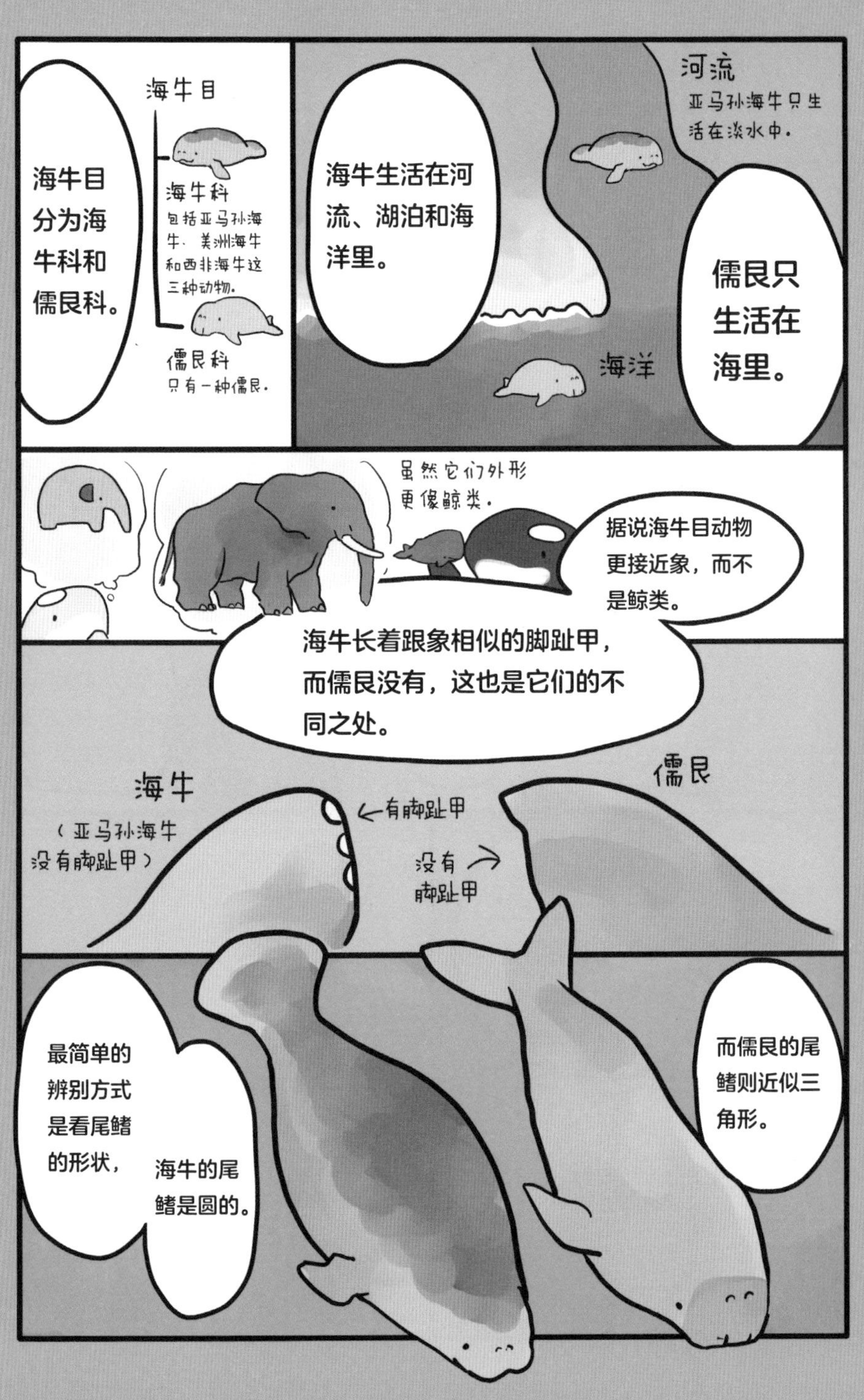

海牛目分为海牛科和儒艮科。
海牛目
海牛科
包括亚马孙海牛、美洲海牛和西非海牛这三种动物。
儒艮科
只有一种儒艮。
海牛生活在河流、湖泊和海洋里。
河流
亚马孙海牛只生活在淡水中。
海洋
儒艮只生活在海里。
虽然它们外形更像鲸类。
据说海牛目动物更接近象，而不是鲸类。
海牛长着跟象相似的脚趾甲，而儒艮没有，这也是它们的不同之处。
海牛
（亚马孙海牛没有脚趾甲）
有脚趾甲
没有脚趾甲
儒艮
最简单的辨别方式是看尾鳍的形状，
海牛的尾鳍是圆的。
而儒艮的尾鳍则近似三角形。

据说儒艮是美人鱼的原型。
这是怎么回事？感觉不太像啊！
是不是太大了？
有很多种说法……
若隐 若现
海里有人！
有人推测，可能它们用这个姿势浮出海面，就被误认为是人类了。
儒艮的腋下长着乳房，听说还会抱着宝宝喂奶。
苔藓
苔藓
苔藓
吃苔藓的鱼.
还有，海牛身上长满了藻类，看起来很像一块寿司！
寿司

海象

我也有很长一段时间都以为北海狮是长着獠牙的……实际在海洋馆里看到海象时，我真是大吃了一惊。海象不仅长着巨大的獠牙，而且还长着很多胡须，据说胡须可以帮助它们在海里觅食。

海象全身圆滚滚的，在水里游动的样子特别有趣。

豹形海豹

豹形海豹生活在南极，是与虎鲸齐名的“海洋杀手”。与体长1.7米左右的斑海豹相比，豹形海豹要大得多，雄性体长2.8~3.3米，主要以其他海豹、海狗、企鹅和乌贼等为食，有时也会吃磷虾。它们不能像海豚和虎鲸那样直接吞下猎物，只能把它甩来甩去，撕成碎块再吃。

起初，我觉得豹形海豹“不太可爱”，不过在看了很多图片以及了解它们的习性之后，我又觉得这种独特长相还是挺可爱的。虽然有点儿对不起企鹅，但是我还是决定把自己喜欢的动物都画出来。

北极熊的天敌

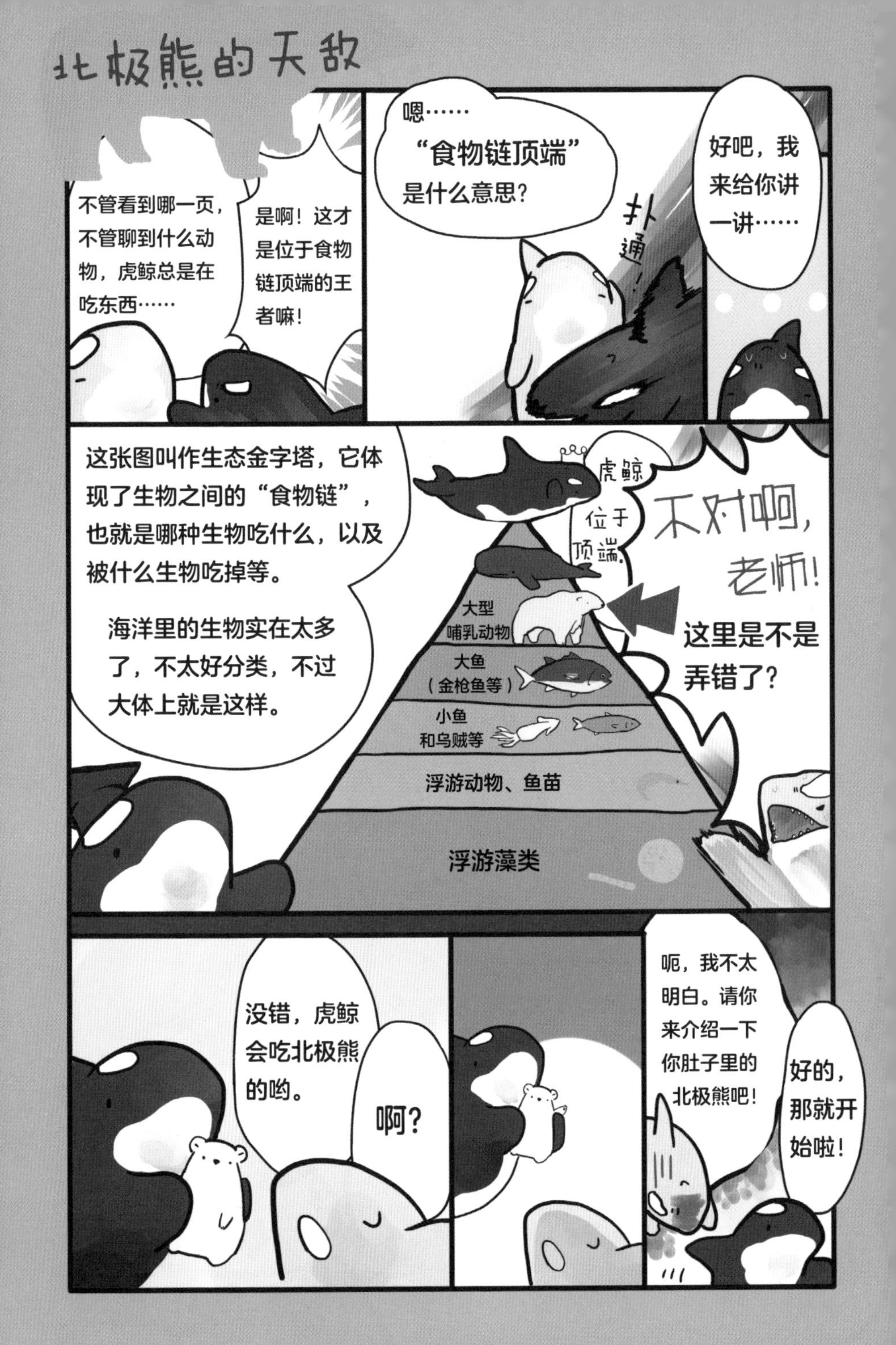

不管看到哪一页，不管聊到什么动物，虎鲸总是在吃东西……
是啊！这才是位于食物链顶端的王者嘛！
嗯……“食物链顶端”是什么意思？
扑通！
好吧，我来给你讲一讲……
这张图叫作生态金字塔，它体现了生物之间的“食物链”，也就是哪种生物吃什么，以及被什么生物吃掉等。
海洋里的生物实在太多了，不太好分类，不过大体上就是这样。
虎鲸位于顶端。
大型哺乳动物
大鱼（金枪鱼等）
小鱼和乌贼等
浮游动物、鱼苗
浮游藻类
不对啊，老师！
这里是不是弄错了？
没错，虎鲸会吃北极熊的哟。
啊？
呃，我不太明白。请你来介绍一下你肚子里的北极熊吧！
好的，那就开始啦！

北极熊
熊科熊属
体长1.8~2.5米
很多人都知道北极熊的长相，但其实并不了解它的习性。
顾名思义，北极熊是一种生活在北极和北美大陆的熊。
北极熊的栖息地
复习：
北半球
没有企鹅。
（考试会考！）
（什么考试？）
嗯，和企鹅的栖息地完全不一样呢。
帝企鹅的栖息地
有企鹅的是南极。

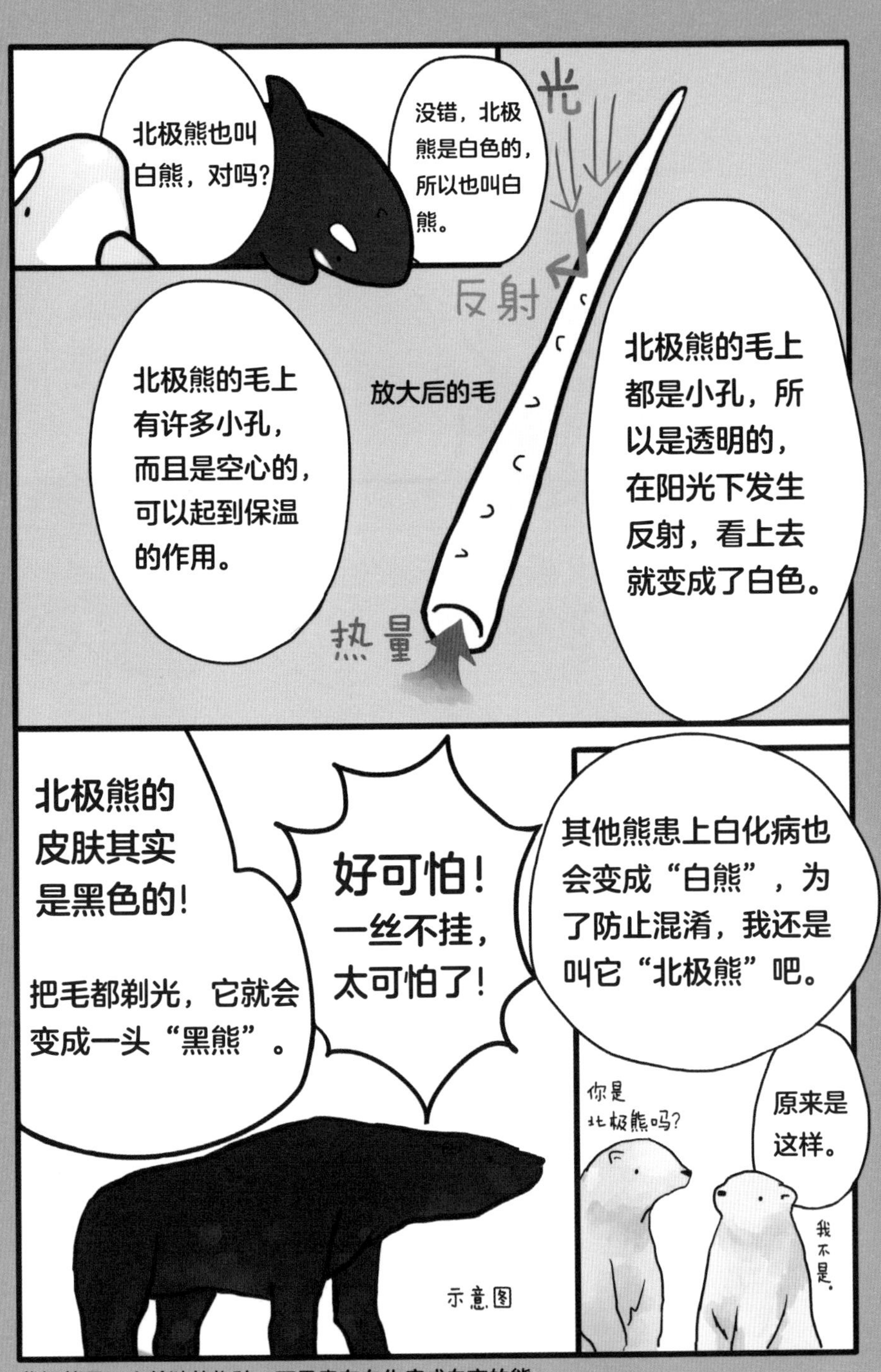

北极熊是一个单独的物种，不是患有白化病或白变的熊。

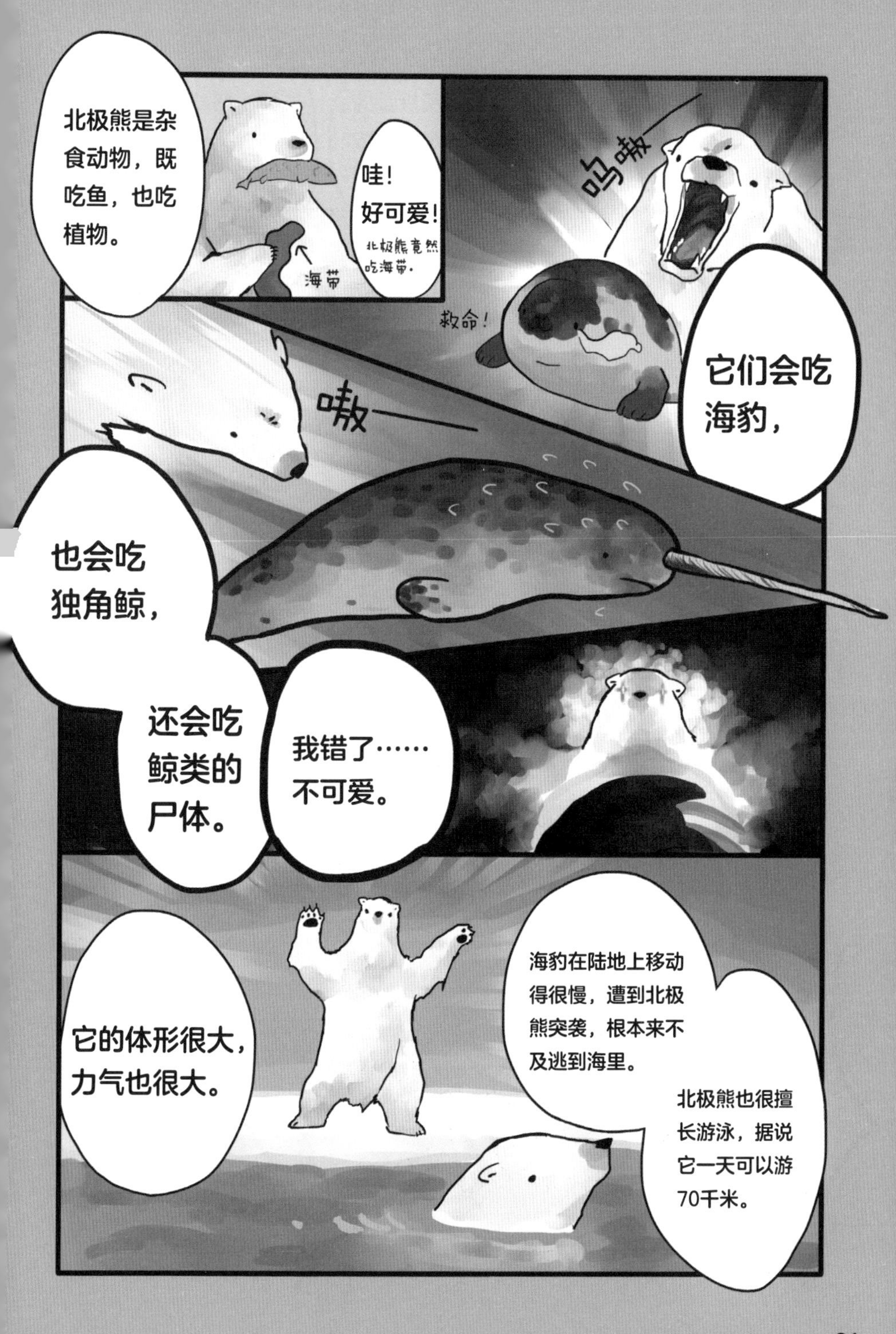
北极熊是杂食动物，既吃鱼，也吃植物。
海带
哇！好可爱！
北极熊竟然吃海带。
呜嗷
救命！
它们会吃海豹，
嗷
也会吃独角鲸，
还会吃鲸类的尸体。
我错了……不可爱。
它的体形很大，力气也很大。
海豹在陆地上移动得很慢，遭到北极熊突袭，根本来不及逃到海里。
北极熊也很擅长游泳，据说它一天可以游70千米。

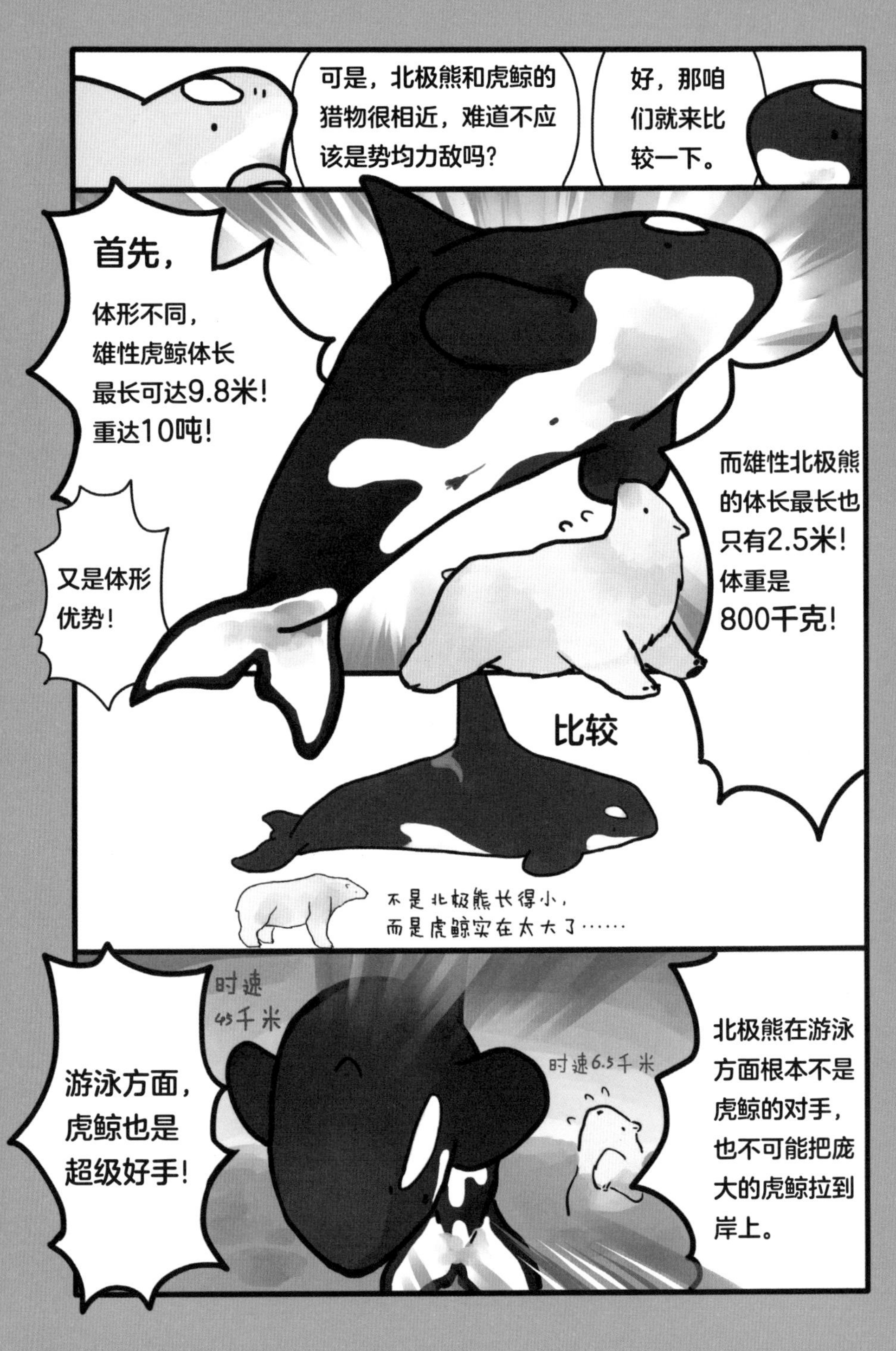
可是，北极熊和虎鲸的猎物很相近，难道不应该是势均力敌吗？
好，那咱们就来比较一下。
首先，
体形不同，
雄性虎鲸体长
最长可达9.8米！
重达10吨！
而雄性北极熊的体长最长也只有2.5米！体重是800千克！
又是体形优势！
比较
不是北极熊长得小，
而是虎鲸实在太大了……
时速45千米
时速6.5千米
游泳方面，虎鲸也是超级好手！
北极熊在游泳方面根本不是虎鲸的对手，也不可能把庞大的虎鲸拉到岸上。

而且随着温室效应加剧，北极的冰层逐渐减少，似乎有越来越多的北极熊成了虎鲸的猎物……
摇摇晃晃——
那逃到没有虎鲸的地方呢？就像不会遇到企鹅一样。
你看，地图上的红色区域，全都是虎鲸的活动范围。
快跑啊！北极熊快跑！
橙色部分既有北极熊，也有虎鲸。
想要避开虎鲸，还是相当有难度的。

伪虎鲸

在鲸类当中，除了虎鲸，我第二喜欢的是伪虎鲸。伪虎鲸张开嘴时会露出排列整齐的牙齿，非常可爱。它全身乌黑，头部的形状也很特别。伪虎鲸的体长最长可达6米，属于在海洋馆里能看到的鲸类当中体形比较大的。它的体长与虎鲸接近，虎鲸全身圆滚滚的，一看就有很多肌肉，而伪虎鲸的身材则比较修长。

灰海豚

可能有人觉得灰海豚身上伤痕累累的，太可怜了……其实那是它们的斑纹，所以不要紧。

每一只灰海豚身上的划痕都不一样，颜色也会逐渐变浅，十分有趣。我曾经看到一家海洋馆把灰海豚、宽吻海豚和伪虎鲸养在一起，灰海豚只是悠闲地游来游去，并没有跃出水面。与活泼可爱、充满活力的宽吻海豚不同，灰海豚悠然自得的样子也十分可爱！

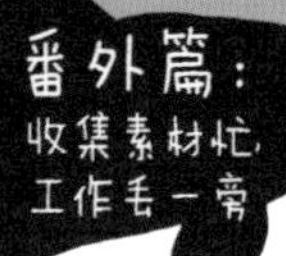

为了创作这本关于动物生态的书，我去了鸭川海洋世界收集素材，还请那里的工作人员提供了专业的意见。

出于各种原因，我们还没开始工作，就到了午饭时间。

鸭川海洋世界里有一个餐厅，可以边吃饭边看虎鲸游泳！

（我不会画人脸，所以就把大家画成了动物的形象。）

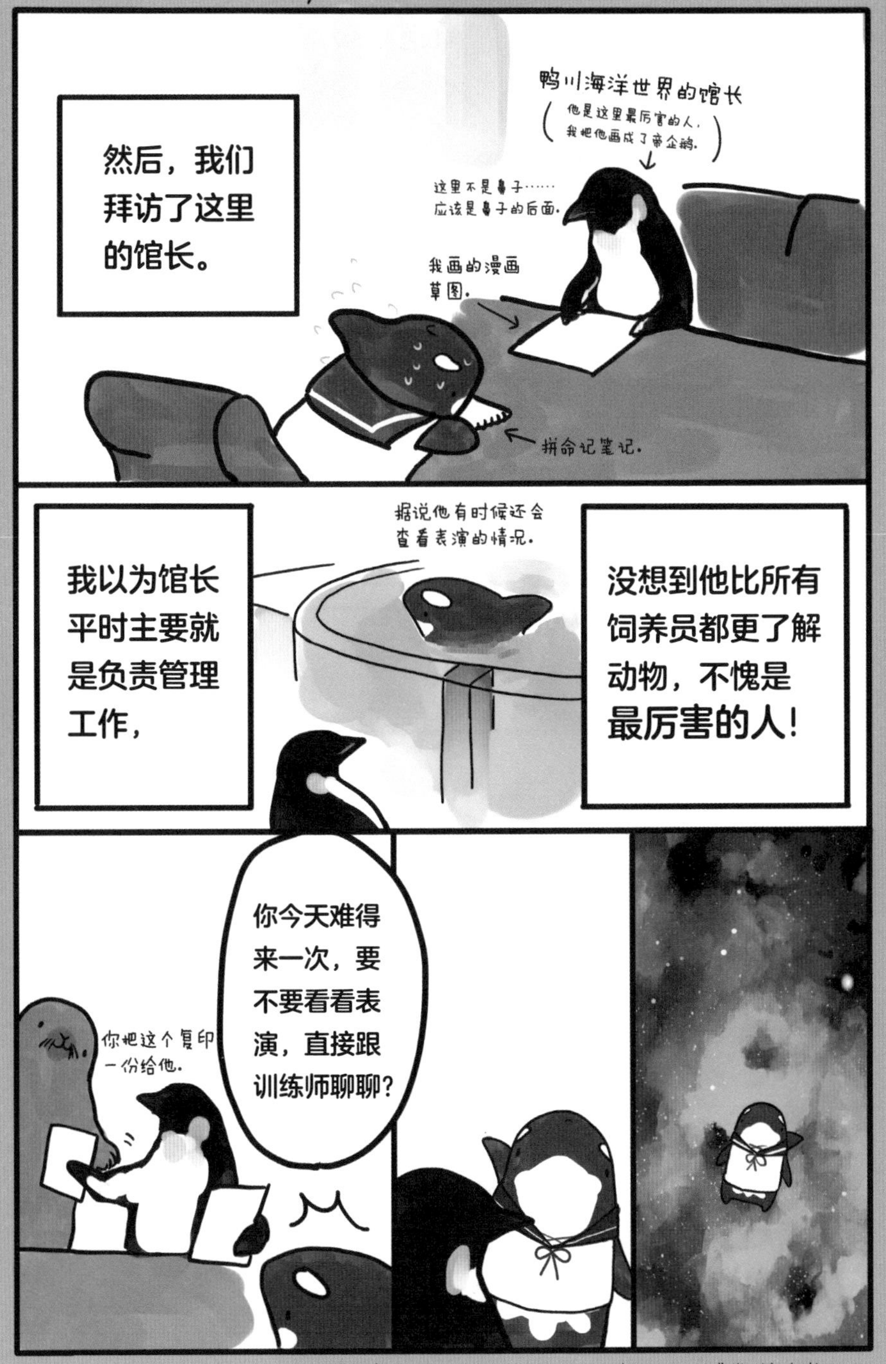

馆长给了我一些海豚的资料。

我太开心了，感觉时间都静止了。

然后，
我真的看到了
虎鲸表演。
编辑老师被溅了一身水。
我还向训练
师请教了很
多问题。
虎鲸训练师
小松
超紧张！
有一个
我自己很
想知道的
问题，
您当初是
怎么想到
做虎鲸训
练师的呢？
嗯……
我特别喜欢虎鲸，
为了能当上训练
师，我付出了很
多努力。
抱歉，
我当时既紧张又兴奋，
只记住了这几句话。
我很受触动，
原来他为了
实现梦想，
付出了这么
多努力啊！
您太厉害了，
能为了梦想不
懈努力……
苍白空洞的废话。
咦？你不
也是这样
的吗？
我呢……
我算不算是
为梦想不懈
努力的人呢？

题外话
也有一些人为了看虎鲸来这里吧？
公关负责人陪同我们参观。
是的，有些人是这里的常客。
就像这家伙这样的。
对了，小松，是不是有一位大叔每次来都会来看虎鲸表演？
他总是围着水池转圈看……
啊，
转圈看。
是有这样一个人，
他每周都会来两次。
每周两次!!

海洋动物爆笑漫画

海洋里的
大明星

第4章

原来鲨鱼没那么可怕

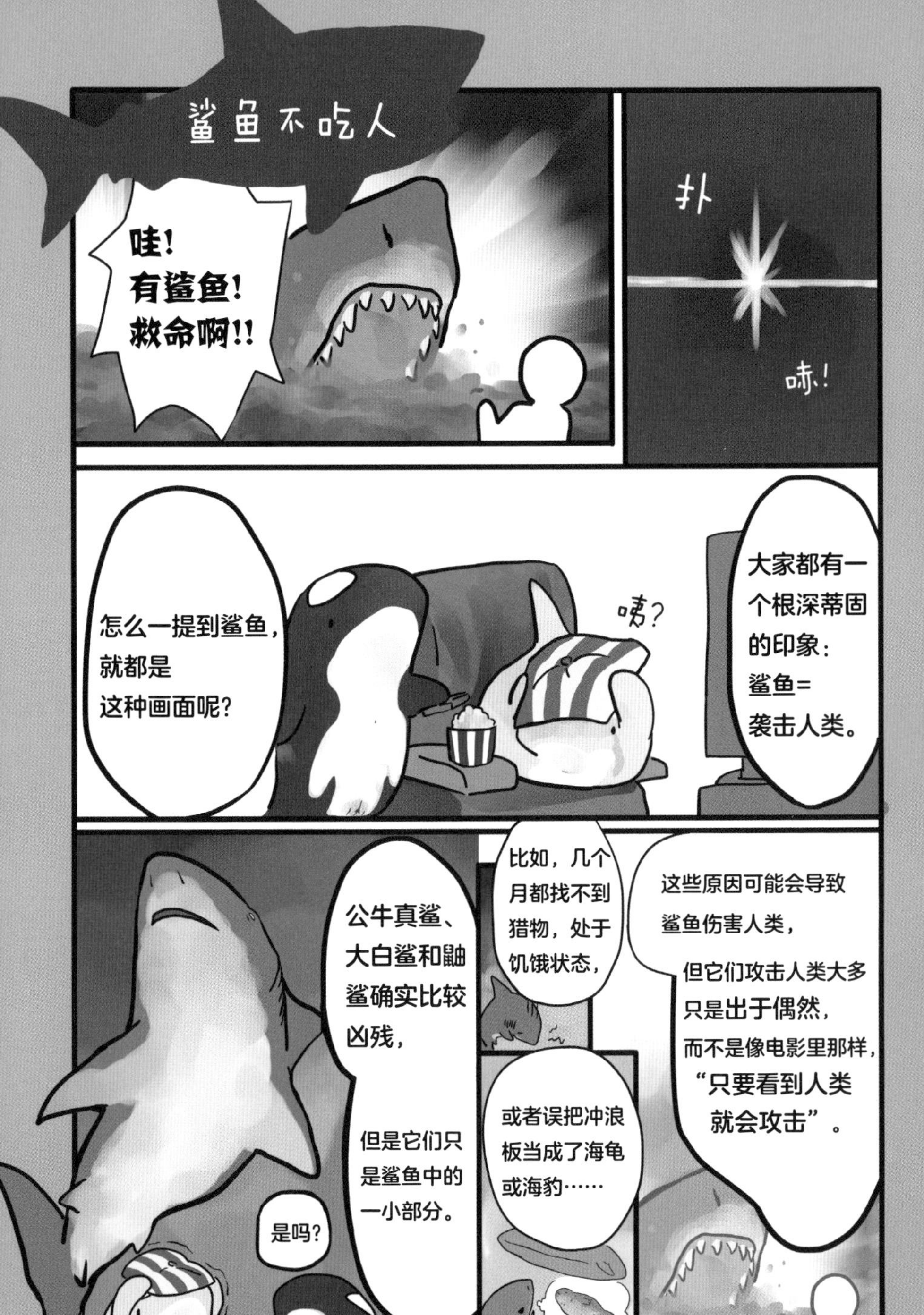

鲨鱼不吃人
哇！
有鲨鱼！
救命啊！！
扑
咻！
大家都有一个根深蒂固的印象：鲨鱼=袭击人类。
唔？
怎么一提到鲨鱼，就都是这种画面呢？
这些原因可能会导致鲨鱼伤害人类，
但它们攻击人类大多只是出于偶然，
而不是像电影里那样，
“只要看到人类就会攻击”。
比如，几个月都找不到猎物，处于饥饿状态，
或者误把冲浪板当成了海龟或海豹……
公牛真鲨、大白鲨和鼬鲨确实比较凶残，
但是它们只是鲨鱼中的一小部分。
是吗？

美国曾经做过一项统计，1959年—2003年期间，有22人死于鲨鱼的袭击。
而同一时期，死于雷击的人数是1857人。
平均每年死于鲨鱼袭击的人数是0.5人，还不足1人。
原来是这样！看来鲨鱼并不会把人类当作食物啊。
你看数据。
然而，被人类杀害的鲨鱼数量却要多得多。
其中一个理由就是为了防止它们伤人。
鲨鱼是野生动物，突然遇到陌生的东西，它们就会变得十分亢奋，或者陷入恐慌。
哇！有不明生物！
滚出去！
鲨鱼也很怕人，所以有时会出于自卫发起攻击。
看来是人们误解了鲨鱼啊！
认为鲨鱼“凶残”“会伤人”的负面印象该改一改了。
是啊。

鲨鱼中的巨无霸
——巨齿鲨
20米？
巨齿鲨
鲸鲨
大白鲨
巨齿鲨！
体形约为大白鲨的3倍，比鲸鲨还要大，据推测，它的咬合力约为霸王龙的3倍，是鲨鱼界的巨无霸！
什么？比鲸鲨还要大？
我还从没见过这么大的鲨鱼。
当然了！
巨齿鲨似乎在距今约360万年前就灭绝了。
这么强悍的动物怎么会灭绝了呢？
慢腾腾——
首先，庞大的身躯给它带来了麻烦！体形越大的鲨鱼，游得越慢，巨齿鲨恐怕也是一样。
气候逐渐变冷，水温也不断下降，鲸类进化出了在冷水中也能游得很快的本领。
嗖！
寒冷海域
温暖海域
鲸类逃到寒冷海域后，巨齿鲨失去了主要食物来源，最终走向了灭绝。

海中杀手
虎鲸出场！
救命！
怎么又来了?!
没错！我们又来了！
也有人认为，是同样以鲸类为食的游泳健将虎鲸夺走了巨齿鲨海洋之王的宝座。
看我的！
可怕……
那么早就有虎鲸了吗？真是可怕的生物……
没办法，我们生来就是捕食者！
• 补充
鲨鱼的骨骼是软骨，没有骨骼化石，只留下了牙齿的化石。由于无法复原骨架，所以本书中的巨齿鲨是靠想象画出来的。
大白鲨的牙齿
巨齿鲨的牙齿
巨齿鲨的体形大小是根据与大白鲨的牙齿对比推算出来的。

双髻鲨

双髻鲨总是一边游动一边摆动着头，据说是为了消除视野中的死角。第一次见到双髻鲨时，我的感想是“两只眼睛距离好远啊”。双髻鲨的英文名字很贴切，叫作“Hammerhead shark（锤头鲨）”。鲨鱼一般都是半张着嘴，虽然它们的牙齿很可怕，不过脸上的表情还是很可爱的。双髻鲨也是一副憨态可掬的样子。

豹纹鲨

我很喜欢豹纹鲨。它平时不怎么动弹，偶尔会突然摆动长长的尾鳍优雅地游动，样子十分可爱。豹纹鲨的脸比较扁，看着很温和。它的鼻孔比眼睛还要大，奶白色的身体显得很轻柔。绝大多数豹纹鲨体形都比较大，偶尔也能看到一些小的。我最近才知道，豹纹鲨宝宝是黑色的，还长着像斑马一样的条纹。

弓头鲸
露脊鲸科露脊鲸属
体长约18米

最长寿的脊椎动物是弓头鲸，人们推算它的寿命可以达到211岁！

211岁！

推测寿命在100~200岁之间

对了……什么叫脊椎动物？

呃，你把我的思路打断了……

脊椎动物指有脊椎骨的动物，包括哺乳动物、鱼类、鸟类、爬行动物和两栖动物等。

脊椎骨

是这样啊！

最近，人们发现了一种动物，寿命远超211岁！

好挤啊！

生活在北极圈的格陵兰睡鲨，

它们的寿命至少有272岁！这已经超过弓头鲸了，不过人们推测**最高龄的**格陵兰睡鲨有512岁！

格陵兰睡鲨
角鲨目睡鲨科
体长5~7.3米

据说它需要150年才能成年。
150年
嗯，对人类来说，活到100岁已经很长寿了，
而格陵兰睡鲨居然还要再过50年才能成年……
100年
150年
是的。
世界上的生物真是太神奇了！
是啊！
150年……
真是难以想象！
虎鲸是游得最快的哺乳动物，时速可达45千米，
而格陵兰睡鲨游泳的时速为
1千米。
嗖
太慢了
据说是世界上行动最迟缓的鱼……
啊……
不过能活那么久，就不用忙忙碌碌的了。
而且，格陵兰睡鲨什么都爱吃，胃里甚至出现过北极熊和驯鹿。
惊呆了。
好，再看下一种生物！

大块头的小食物
姥鲨
鼠鲨目姥鲨科
体长8~10米
哇，好可怕！它肯定会吃了我们，你看它的嘴多可怕啊！
不会不会，不用怕！
啊~~
姥鲨主要以浮游生物为食，先把海水吞进去，
食物
海水
把食物留下，再将海水从鳃吐出去。
咦？跟鲸类差不多吗？
是的！
姥鲨也和鲸类一样，虽然体形很大，但是不会把人或虎鲸吞下去，所以并不危险。

鲸鲨
须鲨目鲸鲨科
体长10~13米
世界上最大的鱼——鲸鲨也是主要以浮游生物为食！
在海洋馆里，为了吃到水面上的食物，有时它们会直立着游泳。
体长可达13米！世界上最大的鱼。
很少有人看到过巨口鲨，所以它也被称作“梦幻鲨鱼”。
世界上发现的巨口鲨少之又少，但在日本近海却似乎经常看到。
巨口鲨的嘴和其他鲨鱼都不一样，是向前突出的。
巨口鲨
鼠鲨目巨口鲨科
体长最长7.9米
是啊……
只有这三种鲨鱼是以浮游生物为主要食物的，并不是块头大就要吃大型食物哟。

鲫鱼

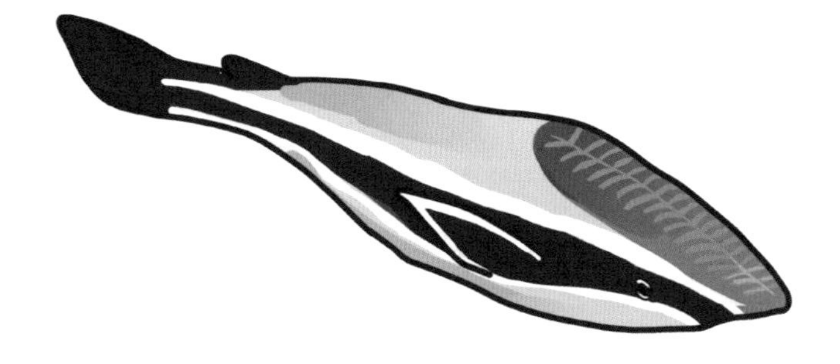

了解鲫鱼吸盘的原理之后，我忍不住惊叹："生物真是太神奇了！"学习动物的生态习性果然乐趣无穷。我建议大家最好不要细看吸盘上的纹路，看它们吸附在其他鱼类身上的样子还是挺有趣的。

锥齿鲨

锥齿鲨个头儿很大，长相也很可怕，但其实它们的性情特别温和。经常有潜水的人很开心地和它们一起拍照，虽然不知道锥齿鲨开不开心。

提到鲨鱼，大多数不太了解动物习性的人都会觉得“鲨鱼好可怕！”“鲨鱼会吃人吧?”，确实有很多野生动物会攻击人类，但我还是希望大家不要直接给它们贴上“可怕”的标签。

鳐鱼和鲨鱼，
傻傻分不清
眼睛
呵呵！
鳐鱼的脸看起来好治愈啊！
什么？那个不是眼睛，是鼻子！
鳐鱼的脸是这样的！
眼睛
鼻子
鳃
嘴
哦，原来眼睛在上边！
鼻子……那个居然是鼻子……
可爱表情
还有一个关于鳐鱼的小秘密……
鲨鱼和鳐鱼其实是亲戚！
耶！
啊？可是它们长得一点儿都不像……
不过鲸和海豚也不像，也是亲戚。
没错！就是这种关系！

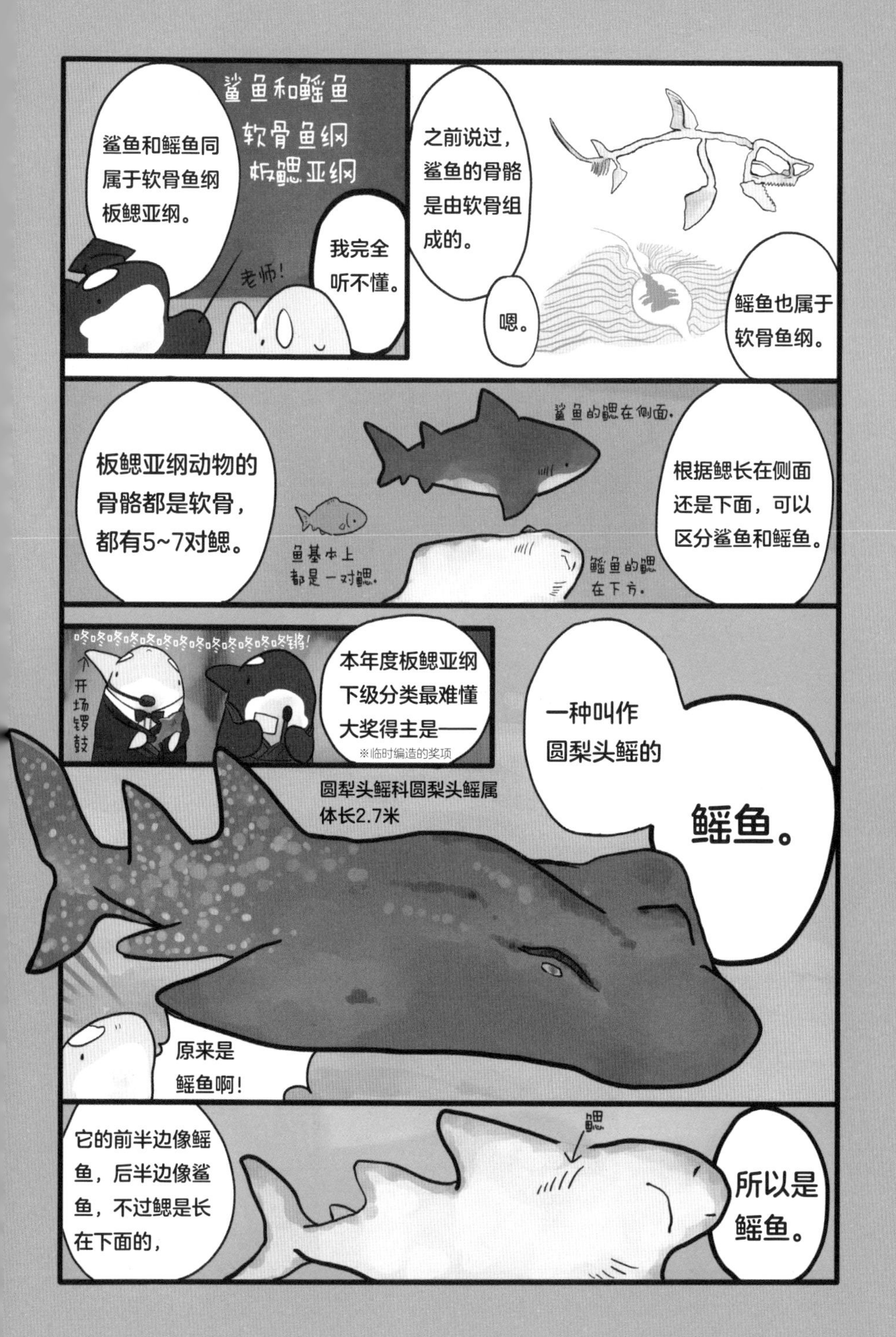
鲨鱼和鳐鱼
软骨鱼纲
板鳃亚纲
鲨鱼和鳐鱼同属于软骨鱼纲板鳃亚纲。
老师！
我完全听不懂。
之前说过，鲨鱼的骨骼是由软骨组成的。
嗯。
鳐鱼也属于软骨鱼纲。
板鳃亚纲动物的骨骼都是软骨，都有5~7对鳃。
鱼基本上都是一对鳃。
鲨鱼的鳃在侧面。
鳐鱼的鳃在下方。
根据鳃长在侧面还是下面，可以区分鲨鱼和鳐鱼。
咚咚咚咚咚咚咚咚咚咚咚咚咚锵！
开场锣鼓
本年度板鳃亚纲下级分类最难懂大奖得主是——
※临时编造的奖项
一种叫作圆犁头鳐的
鳐鱼。
圆犁头鳐科圆犁头鳐属
体长2.7米
原来是鳐鱼啊！
它的前半边像鳐鱼，后半边像鲨鱼，不过鳃是长在下面的，
鳃
所以是鳐鱼。

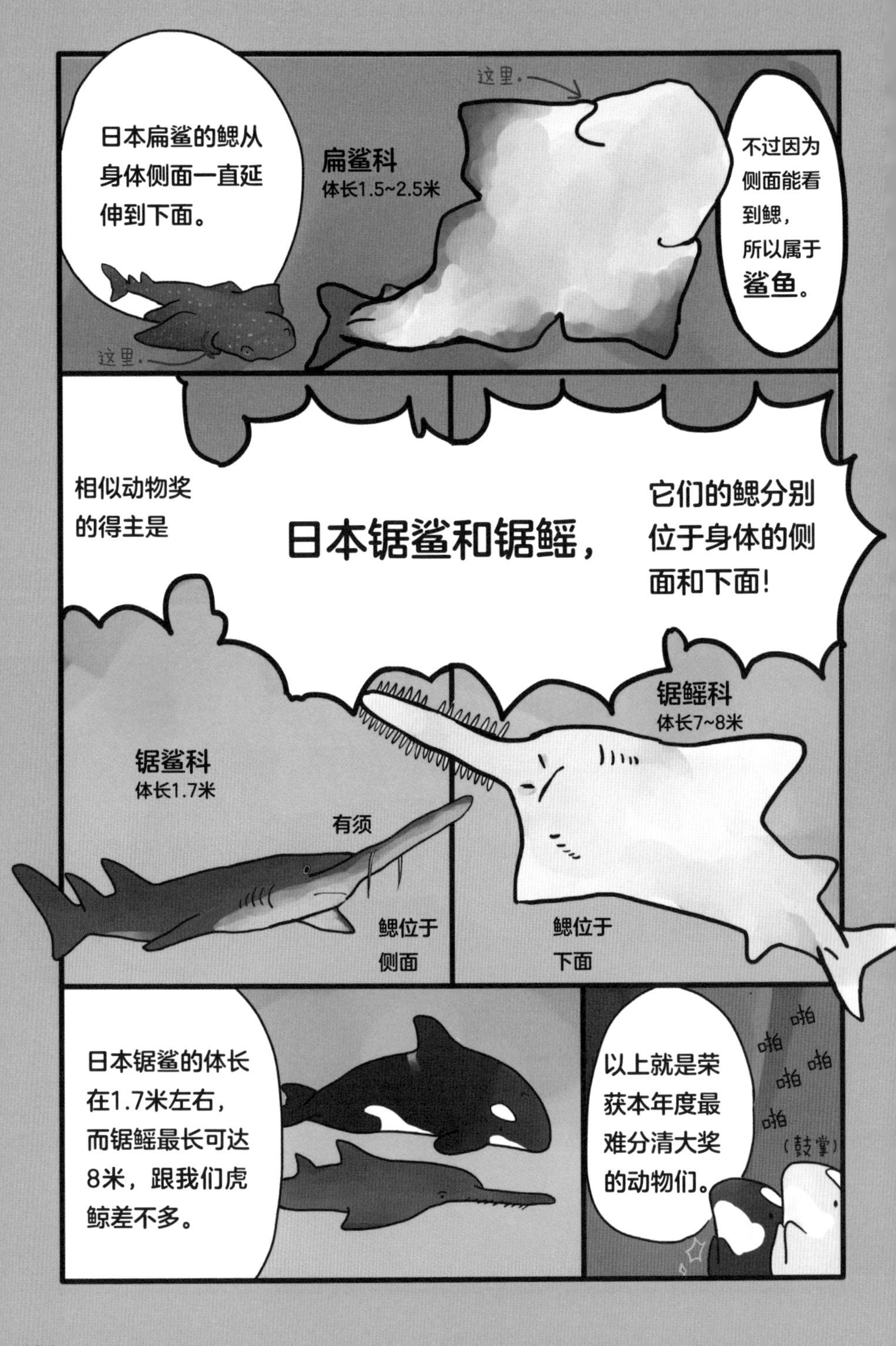

日本扁鲨的鳃从身体侧面一直延伸到下面。
这里。
扁鲨科
体长1.5~2.5米
这里。
不过因为侧面能看到鳃，所以属于鲨鱼。
相似动物奖的得主是
日本锯鲨和锯鳐，
它们的鳃分别位于身体的侧面和下面！
锯鲨科
体长1.7米
有须
鳃位于侧面
锯鳐科
体长7~8米
鳃位于下面
日本锯鲨的体长在1.7米左右，而锯鳐最长可达8米，跟我们虎鲸差不多。
以上就是荣获本年度最难分清大奖的动物们。
啪
啪
啪
啪
啪
（鼓掌）

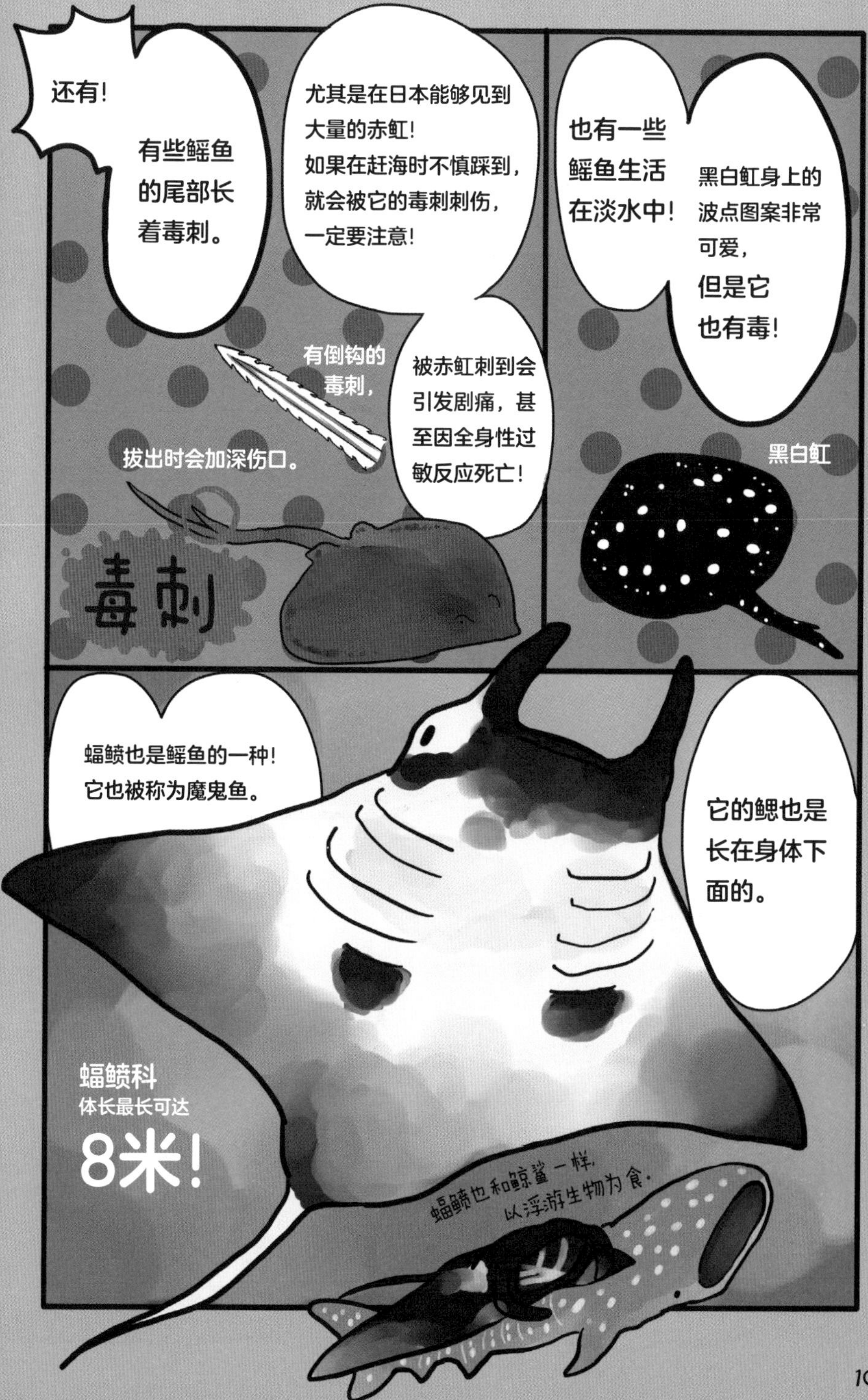

还有！

有些鳐鱼的尾部长着毒刺。

尤其是在日本能够见到大量的赤虹！
如果在赶海时不慎踩到，就会被它的毒刺刺伤，一定要注意！

有倒钩的毒刺，

拔出时会加深伤口。

被赤虹刺到会引发剧痛，甚至因全身性过敏反应死亡！

毒刺

也有一些鳐鱼生活在淡水中！

黑白虹身上的波点图案非常可爱，
但是它也有毒！

黑白虹

蝠鲼也是鳐鱼的一种！
它也被称为魔鬼鱼。

它的鳃也是长在身体下面的。

蝠鲼科
体长最长可达
8米！

蝠鲼也和鲸鲨一样，以浮游生物为食。

蝠鲼

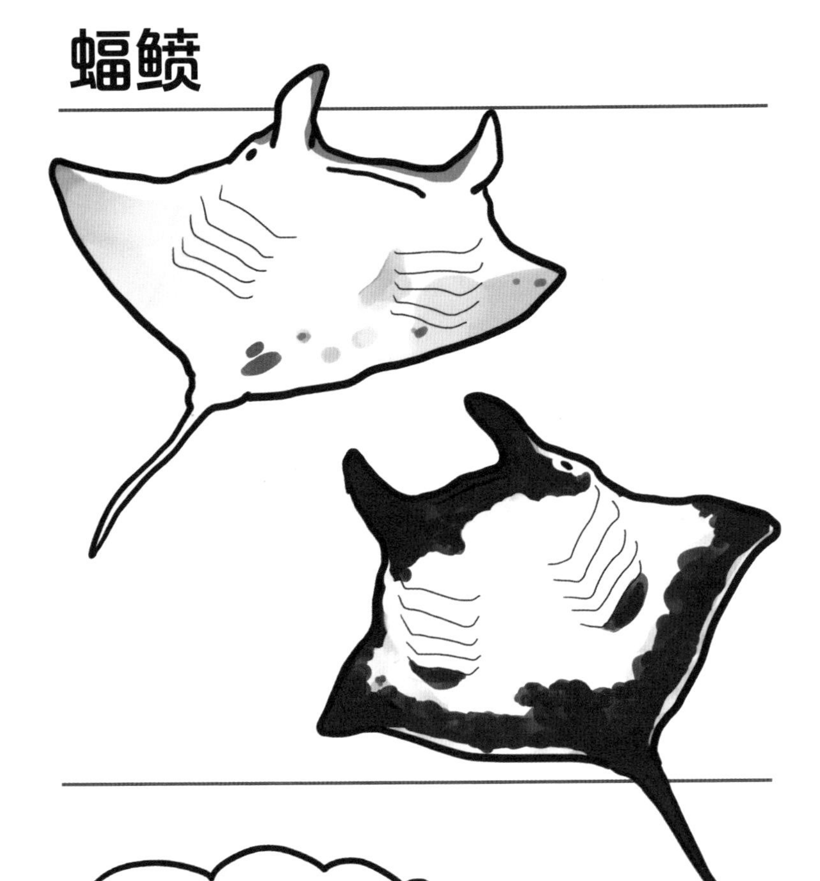

科学家最近发现，蝠鲼其实有两个不同的品种。

日本蝠鲼的第五对鳃上有黑色斑纹，嘴部周围是黑色的，而双吻蝠鲼的鳃和嘴都是白色的。

虽然没有双髻鲨那么夸张，蝠鲼的两只眼睛离得也很远。

我曾经在电视上看到过一大群蝠鲼游来游去，就像在飞翔一样。

黑白魟

黑白魟是一种淡水鳐鱼，生活在河流中。我最喜欢这种鳐鱼，所以把它写进了本书，我喜欢有毒的生物。

我很喜欢它的黑白波点，就像可爱的地垫。如果有这样的地垫，我一定会买。

黑白魟的眼睛不太明显，和波点混在了一起。听说在网上可以买到活的黑白魟，真吓人。

哺乳动物和鱼类的游泳方式不同
我现在知道虎鲸和鲨鱼有哪些不同了。
嗯嗯。
可是说实话，它们的外形实在太像了。
听了你介绍，还是没办法一眼就分辨出来。
嗯，的确如此。
就是不太能分得清谁是哺乳动物，谁是鱼类吧。
是啊！
因为既不能钻到下面去看虎鲸或海豚的肚子，也想象不出来它们喂奶的样子。
说的也是！那我教你一种更简单的方法。
这是鱼类，还是哺乳动物呢？

螃蟹是甲壳类动物。

区分它们的关键在于“游泳方式”！

鲨鱼属于鱼类，你想象一下，鱼类的尾鳍都是竖着的吧？

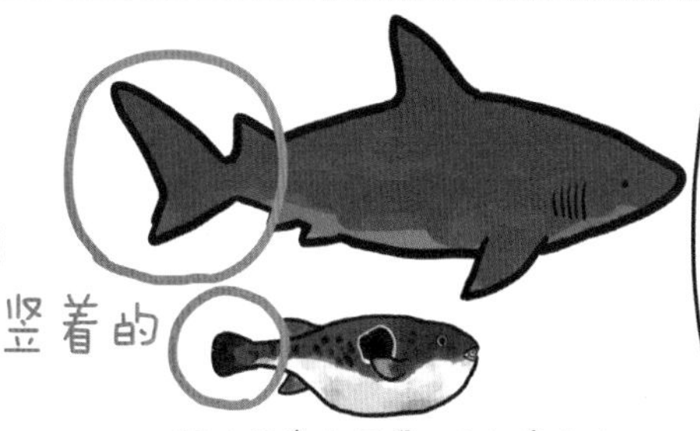

大阪人经常吃河豚，我也喜欢吃。

它们要左右摆动鱼鳍才能游动，鲨鱼也是一样。

双髻鲨（锤头鲨）

从上面可以看得更清楚。

双髻鲨更特别，它游泳时还会摆动头部。

哇！

而虎鲸和海豚的尾鳍都是横着的。

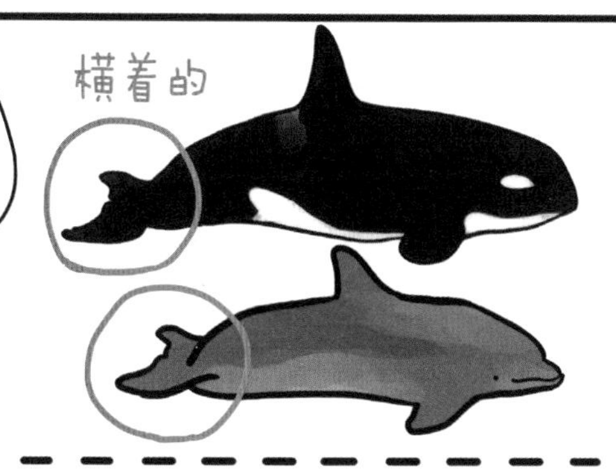

这种形状更便于游动时上下摆动。

人类没有尾鳍，游泳时要上下打腿，

而不是像鱼一样左右扭动着游。

对！还有一个上下打腿的动作就叫作“海豚式”。

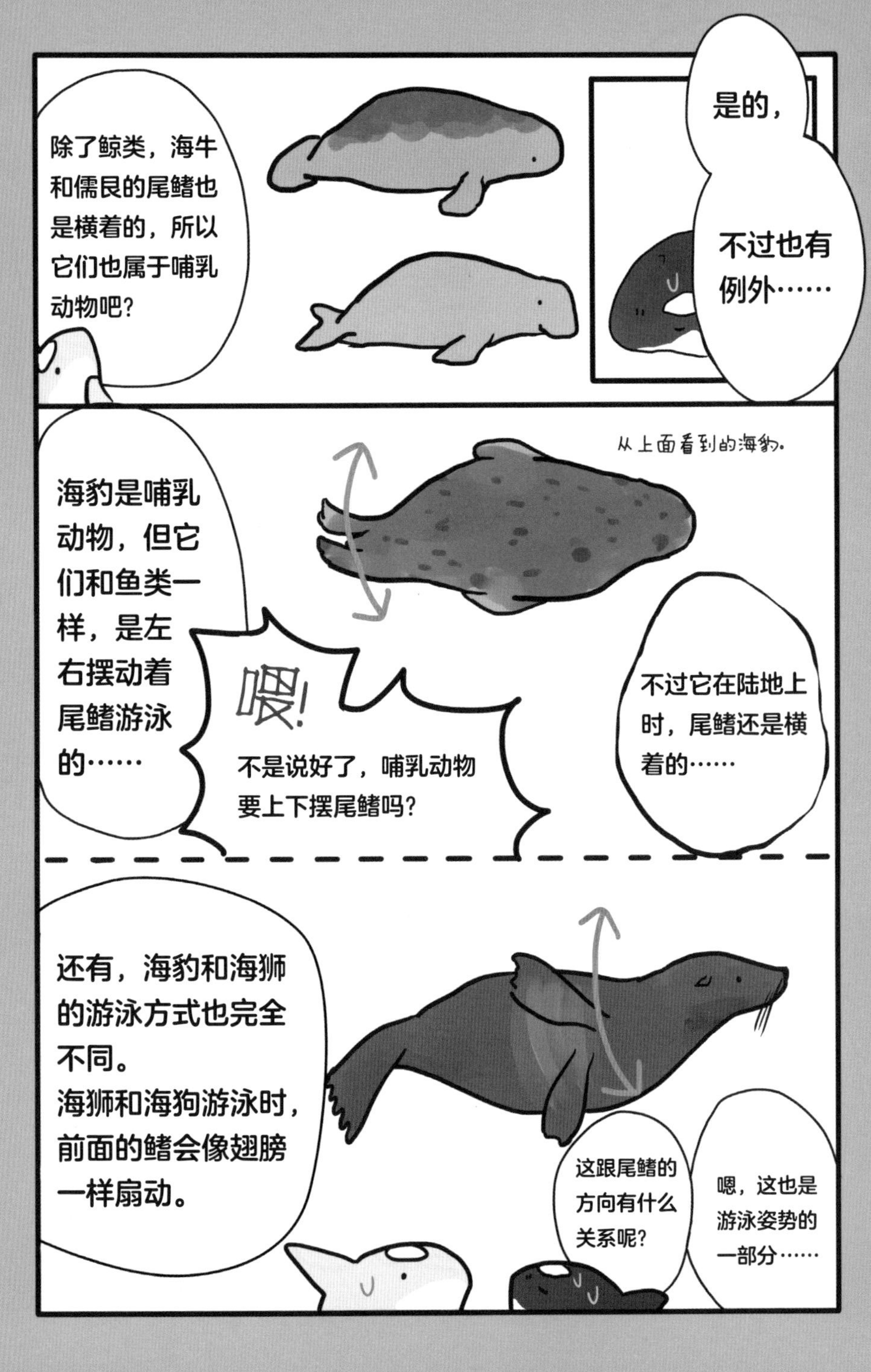
除了鲸类，海牛和儒艮的尾鳍也是横着的，所以它们也属于哺乳动物吧？
是的，
不过也有例外……
从上面看到的海豹。
海豹是哺乳动物，但它们和鱼类一样，是左右摆动着尾鳍游泳的……
喂！
不是说好了，哺乳动物要上下摆尾鳍吗？
不过它在陆地上时，尾鳍还是横着的……
还有，海豹和海狮的游泳方式也完全不同。
海狮和海狗游泳时，前面的鳍会像翅膀一样扇动。
这跟尾鳍的方向有什么关系呢？
嗯，这也是游泳姿势的一部分……

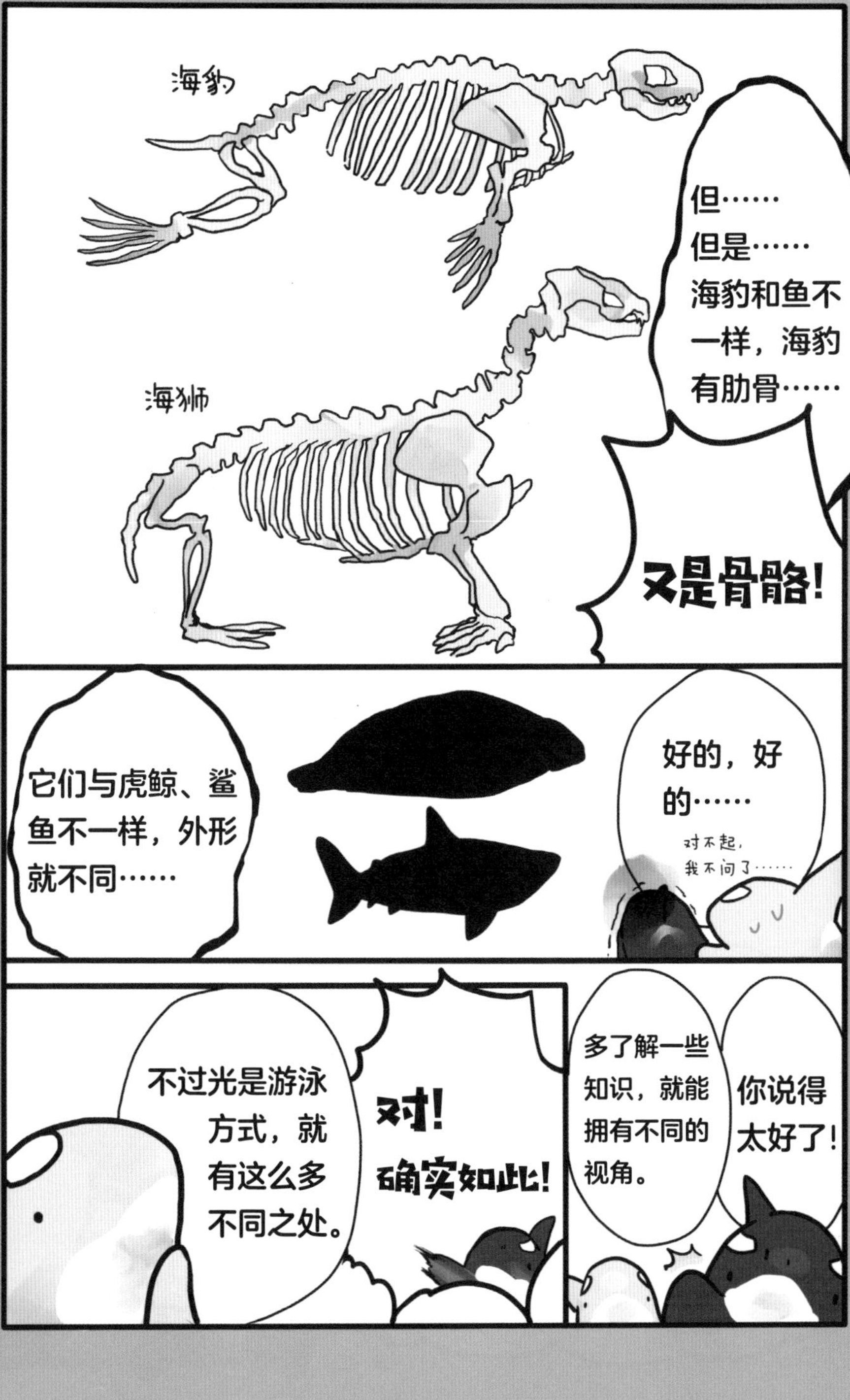

海豹

海狮

但……
但是……
海豹和鱼不一样，海豹有肋骨……

又是骨骼！

它们与虎鲸、鲨鱼不一样，外形就不同……

好的，好的……

对不起，我不问了……

不过光是游泳方式，就有这么多不同之处。

对！确实如此！

多了解一些知识，就能拥有不同的视角。

你说得太好了！

大家也去海洋馆亲眼看一看吧！

宽纹虎鲨

宽纹虎鲨的性情也很温和，海洋馆经常把它放在可以供大家抚摸的水池里，我也摸过。大概是它早就习惯了，有人来摸它也毫无反应，好像在说“您请便”。宽纹虎鲨摸上去硬硬的，手感很粗糙。

据说宽纹虎鲨的性情和猫很相似，所以日语把它叫作“猫鲨”，很贴切吧！

鲨鱼的皮肤

鲨鱼有一个特点，就是一生都在不停地换牙。其实鲨鱼的皮肤也和牙齿具有几乎相同的结构，上面密密麻麻地长着一种叫作“盾鳞”的鳞片。有些种类鲨鱼的盾鳞是尖的，沿着从尾鳍到头的方向触摸鲨鱼的皮肤，会感觉十分粗糙，容易被刺伤，还有人会用它来磨山葵。

这种鳞片可以减小水的阻力，帮助鲨鱼游得更快，也有人在研究能否将其应用到飞机上。

鳐鱼也长着同样的盾鳞。

创作随笔

我第一次看到虎鲸时，还不到10岁。

当时，我看到虎鲸和训练师一起跳舞。

虎鲸的个头儿比人大得多，

比海豚也要大得多。

我想，居然还有长得这么奇怪的生物……

我之前一直以为这里是眼睛。

长得好奇怪！

一直到很久以后，我才知道原来那个不是眼睛……

这才是眼睛。

上大学时，我偶然有机会学到了更多关于虎鲸的知识。

虎鲸非常强大！

是这样啊！

我对动物生态十分着迷，查阅了很多资料之后，我完全被虎鲸的彪悍习性震撼了。
十几年后，我再次见到了真正的虎鲸。
什么？
虎鲸居然吃鲨鱼？
还会吃北极熊？
好厉害啊！
虎鲸既强大又可爱，优雅美丽，彻底俘获了我的心。

虎鲸太小众了，常被人与鲨鱼或者海豚混为一谈！

我到处介绍虎鲸有多么了不起，却收效甚微。

虎鲸这么美，又这么厉害，

却没有人感兴趣……

一直以来，我唯一的特长就是画画。

从中学时代起，我就梦想成为一名漫画家，所以高中和大学都选择了漫画专业。

但都失败了……
我不甘心就此放弃，
每天都过得十分苦闷。

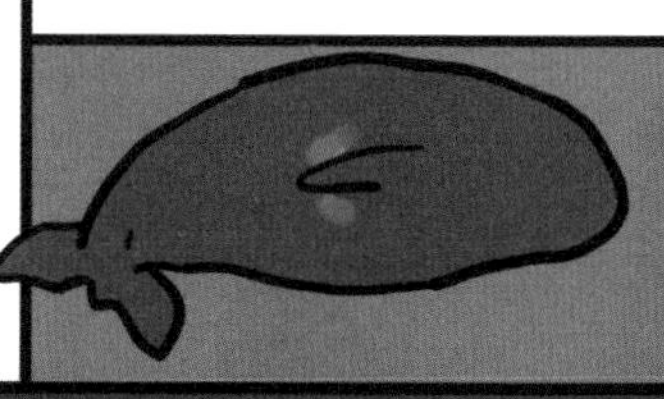

不对！
我的画一定会有用武之地的！

也肯定会有人喜欢虎鲸！

我查了许多关于虎鲸的资料，把这些不为人知的知识画成漫画，发布在互联网上。

后来……

很多人看到了我的作品，也有很多人喜欢虎鲸!

我从你的作品中感受到了虎鲸的魅力，谢谢你!

我也超级喜欢虎鲸，但身边喜欢虎鲸的人特别少，看到你的画真是太开心了!

得到了大家的支持，我终于迈出了成为漫画家的第一步……

什么?
画一本书?
真的吗?
一本书……

邮件

然而!

之后的进展并不顺利!

首先，我以前一直在纸上画画，但是现在需要用**电脑**来画。

我搞不清实际呈现出来的画面是多大，经常一头雾水……

格子太大，
会话气泡又
太小了吗……

其次，
有很多动物
我以前没画
过或者画不
好，费了很
多功夫……

我再一次感
到画画实非
易事……

这是我用了最多力气画的海獭。

我还是第一
次画了这么
多虎鲸。

是虎鲸的美
一次又一次
治愈了我……

还有来自
于大家的
支持……

为了不辜负动物
迷们的期待，我
在画里倾注了很
多热情，希望大
家都能从中得到
快乐。

我好喜欢你画的虎鲸！
我会永远支持你！

虎鲸好可爱！

希望你也能画一画海豚。

后记

谢谢你读完了这本书。

我特别喜欢动物，
也特别喜欢画画，
画画是我生命的重要部分。

如果没有这两个“特别喜欢”，
就不会有这本书了。

我认为，所谓才华，就是找到喜欢的事，
并能一直喜欢下去。
我庆幸自己没有放弃画画，
并且遇到了虎鲸。

请珍惜你“特别喜欢”的事，

也希望我能把自己的
“特别喜欢”
分享给大家！

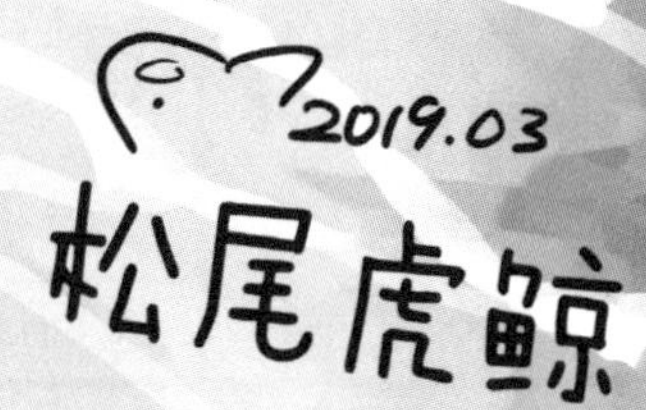

图书在版编目（C I P）数据

海洋里的大明星 /（日）松尾虎鲸文、图；肖潇译 . -
合肥：安徽美术出版社，2023.11
（海洋动物爆笑漫画）
ISBN 978-7-5745-0219-2

Ⅰ . ①海… Ⅱ . ①松… ②肖… Ⅲ . ①水生动物 - 海
洋生物 - 儿童读物 Ⅳ . ① Q958.885.3-49

中国国家版本馆 CIP 数据核字 (2023) 第 140468 号

海洋动物爆笑漫画 海洋里的大明星

HAIYANG DONGWU BAOXIAO MANHUA HAIYANG LI DE DA MINGXING [日]松尾虎鲸 文/图 肖潇 译

出 版 人：王训海 特约编辑：李朝昱
责任印制：欧阳卫东 装帧设计：李小茶
责任编辑：张霄寒 审 校：罗心宇
责任校对：陈芳芳
出版发行：安徽美术出版社
地 址：合肥市翡翠路 1118 号出版传媒广场 14 层
邮 编：230071
印 制：北京汇瑞嘉合文化发展有限公司
开 本：880mm × 1230mm 1/32
印 张：4
版(印)次：2023 年 11 月第 1 版 2023 年 11 月第 1 次印刷
书 号：ISBN 978-7-5745-0219-2
定 价：45.00 元